W0271929

BIM in der Anwendung

Jetzt diesen Titel zusätzlich als E-Book downloaden und 70 % sparen!

Als Käufer dieses Buchtitels haben Sie Anspruch auf ein besonderes Kombi-Angebot: Sie können den Titel zusätzlich zum Ihnen vorliegenden gedruckten Exemplar für nur 30 % des Normalpreises als E-Book beziehen.

Der BESONDERE VORTEIL: Im E-Book recherchieren Sie in Sekundenschnelle die gewünschten Themen und Textpassagen. Denn die E-Book-Variante ist mit einer komfortablen Volltextsuche ausgestattet!

Deshalb: Zögern Sie nicht. Laden Sie sich am besten gleich Ihre persönliche E-Book-Ausgabe dieses Titels herunter.

In 3 einfachen Schritten zum E-Book:

1. Rufen Sie die Website **www.beuth.de/e-book** auf.

2. Geben Sie hier Ihren persönlichen, nur einmal verwendbaren E-Book-Code ein:

   26815DC474A407A

3. Klicken Sie das „Download-Feld“ an und gehen dann weiter zum Warenkorb. Führen Sie den normalen Bestellprozess aus.

Hinweis: Der E-Book-Code wurde individuell für Sie als Erwerber dieses Buches erzeugt und darf nicht an Dritte weitergegeben werden. Mit Zurückziehung dieses Buches wird auch der damit verbundene E-Book-Code für den Download ungültig.

BIM in der Anwendung

DIN

Przybylo, Jakob (Hrsg.)

BIM in der Anwendung

Beispiele und Referenzen

1. Auflage 2017

Herausgeber:
DIN Deutsches Institut für Normung e. V.

Beuth Verlag GmbH · Berlin · Wien · Zürich

Herausgeber: DIN Deutsches Institut für Normung e. V.

Berlin · Wien · Zürich
Am DIN-Platz
Burggrafenstraße 6
10787 Berlin

Telefon: +49 30 2601-0
Telefax: +49 30 2601-1260
Internet: www.beuth.de
E-Mail: kundenservice@beuth.de

Titelbild: © André Ringel
Satz: B & B Fachübersetzergesellschaft mbH, Berlin
Druck: COLONEL, Kraków
Gedruckt auf säurefreiem, alterungsbeständigem Papier nach DIN EN ISO 9706

ISBN 978-3-410-26815-4
ISBN (E-Book) 978-3-410-26816-1

Vorwort

Die Digitalisierung ist allgegenwärtig und bereits in unserem privaten Umfeld fest verankert. Smartphones, Facebook oder Google und zahlreiche andere Produkte sind aus unserem Alltag nicht mehr wegzudenken. Sie beherrschen unsere Kommunikation und das Konsumverhalten. Unternehmen, die noch vor wenigen Jahren als Start-ups bezeichnet wurden, prägen den Wettbewerb mit etablierten Unternehmen wie Yahoo oder IBM.

Auch in der Baubranche nimmt die Digitalisierung langsam Fahrt auf. Die Arbeitsmethode Building Information Modeling (BIM) dient dabei als Einstieg. Der transparente Prozess mit einer hohen Qualität an objektbeschreibenden Informationen und Quality Gates bildet die Grundlage für viele, weitere digitale Innovationen wie Virtual Reality und IoT. Unterstützt und fordernd durch Initiativen der öffentlichen Hand wie dem Bundesministerium für Verkehr und digitale Infrastruktur (kurz BMVI) oder dem Bundesministerium für Umwelt, Naturschutz, Bau und Reaktorsicherheit (kurz BMUB) etabliert sich BIM zu einem Standard und verbreitet sich rasch.

Ob Architekten, Baustoffhersteller, Ingenieure, Großhandel, Bauunternehmen, Betreiber, Banken oder andere Disziplinen, die gesamte Industrie ist gefordert, sich dieser Herausforderung anzunehmen. In jedem Unternehmen entstehen Strategien und werden sukzessive umgesetzt. Ihr Ziel ist die operative Realisierung von individuellen Mehrwerten mittels der neuen Arbeitsmethode. Höhere Wertschöpfung und Kostensicherheit der bestehenden Prozesse stehen dabei ebenso im Fokus wie die Neukundengewinnung oder die Erschließung von neuen Geschäftsmodellen. Mittels BIM werden aktuelle Geschäftsprozesse durch ein verstärktes Zusammenwirken von Leistungen/Produkten optimiert. Eine intensive Vernetzung auf diversen Unternehmensebenen von der Verknüpfung von Softwareprodukten bis zu strategischen Firmenpartnerschaften spielt dabei eine tragende Rolle. BIM ist reich an Facetten und erstreckt sich über den gesamten Lebenszyklus von Bauwerken.

Vor diesem Hintergrund freue ich mich, für dieses praxisorientierte Buch erfahrene und führende Experten als Autoren gewonnen zu haben. Gemeinsam demonstrieren sie die Vielfältigkeit und das Erlebnis von BIM auf zahlreichen Ebenen. Individuelle, wertvolle und innovative Ansätze aus der Praxis dienen dabei als ergiebiger Input und Wegweiser. Es ist ein reicher, interdisziplinärer Fundus an Erfahrung, der jeder Person und jedem Unternehmen hilft, den eigenen BIM-Horizont interdisziplinär zu erweitern, Fehler zu meiden und den nächsten, konkreten Schritt mit BIM erfolgreich zu gestalten. Sollte Ihnen ein gewisses BIM-Hintergrundwissen fehlen, so bietet sich der Titel „BIM-Einstieg kompakt“ als schnelle Vorbereitungslektüre an.

So bedanke ich mich bei allen Autoren für die intensive Zusammenarbeit und einen offenen, ergiebigen Diskurs. Es hat mir eine große Freude bereitet, die Inhalte zu begleiten. Auch dem Leser danke ich für das Interesse an der Arbeitsmethode BIM und damit an dem vorliegenden Buch.

Ich wünsche Ihnen viel Freude und Erfolg bei der Realisierung von BIM.

Bei Fragen oder Anregungen stehe ich gerne über www.jakobprzybylo.com zur Verfügung.

Herzliche Grüße,
Ihr Jakob Przybylo

Inhaltsverzeichnis

buildingSMART e. V., das deutschsprachige Chapter von buildingSMART International, versteht sich als Kompetenznetzwerk für BIM-Anwender, -Entwickler und -Auftraggeber. Der Verband beteiligt sich an der BIM-Standardisierung, bietet fachlichen Input und Erfahrungsaustauch und gestaltet gemeinsam mit seinen Mitgliedern die Rahmenbedingungen für digitales Planen, Bauen und Betreiben.

Herausgeber

Jakob Przybylo, Dipl.-Ing. MAS CAAD (ETH), Arch.

Jakob Przybylo, Dipl.-Ing. MAS CAAD (ETH) ist Architekt und führender BIM-Experte.

Entsprechend seinem fachlichen Schwerpunkt unterstützt er Unternehmen bei der ganzheitlichen Gestaltung von BIM im Unternehmen. Seine Praxiserfahrung ist breit gefächert von der BIM-Unternehmensstrategie bis zum operativen BIM-Management.

Zu seinen Referenzen gehören unter anderem die BIM-Ausrichtung der internationalen Planungsgesellschaft Obermeyer Planen + Beraten, des Softwareanbieters Nemetschek Allplan sowie von Bauprodukt- und Baustoffherstellern.

Als Vorreiter und Leiter in den maßgeblichen BIM-Gremien wie dem buildingSMART-Vorstand setzt er sich für eine erfolgreiche Digitalisierung der Baubranche in Deutschland ein.

Mehr auf www.jakobprzybylo.com

Einleitung

Bevor Sie nun ganz in die Praxis eintauchen und die Beiträge lesen, möchte ich Ihnen zunächst ein paar eher theoretische Gedanken zu BIM und der thematischen Buchstruktur mit auf den Weg geben. Einen zentralen Aspekt bildet dabei die konsequente Verknüpfung vom strategischen, unternehmerischen BIM-Verständnis zu der operativen Projektabwicklung in der Praxis.

Facettenreiche Methode

Einer der wesentlichen Charakterzüge von BIM ist die Vielfältigkeit. BIM wird in der Praxis divers verstanden und praktiziert. Während ein Architekturbüro in BIM die Chance für eine erhöhte Plausibilität in der Planung und Auswertung von Informationen sehen mag, impliziert BIM für Bauunternehmen in erster Linie ein Mittel für die Optimierung von Bauabläufen.

Die Anwendung von BIM äußert sich also grundsätzlich je nach Disziplin und der jeweiligen Geschäftstätigkeit der Firma. Die strategische, unternehmerische Ausrichtung ist mit der Projektanwendung im jeweiligen Unternehmen eng verzahnt. In der Praxis spielen beide Elemente – Strategie für BIM im Unternehmen und die praktische Anwendung im Projekt – sowie ihr Zusammenspiel eine wichtige Rolle.

Ganzheitlichkeit, BIM-Aspekte im Unternehmen und im Projekt

BIM hat Einfluss auf das gesamte Unternehmen und seine Aktivitäten. So auch auf die Leistungen, die ein Unternehmen im Markt offeriert. Traditionell betrachtet werden dem Auftraggeber einzelne Leistungen wie Kostenermittlung oder Planerstellung angeboten. Mit BIM hingegen werden diese einzelnen Leistungen verknüpft. Das Ziel ist die Offerte von besonderen Mehrwerten und Synergien.

Zum Beispiel ist 5D eine virtuelle Verknüpfung von Bauteilen mit Zeit und Kosten, die durch eine Simulation transparent Aufschluss über die Termin- und Kostensicherheit des Projektes ermöglicht.

Derlei Synergien werden mit BIM zunehmend nachgefragt und entwickelt.

Von unternehmerischer Seite betrachtet, ist die BIM-Einführung als die Transformation des Unternehmens auf neue Anforderungen des Marktes zu bewerten. Eine „BIM-Company" entsteht, wenn ein Unternehmen ganzheitlich höhere Effizienz und Qualität basierend auf Synergien von Leistungen oder Produkten offeriert.

Für einen langfristigen Erfolg mit BIM ist jeder Unternehmensbereich von der Strategie über die funktionalen Bereiche wie Personal oder Marketing bis hin zu der korrekten Erstellung von Bauwerksmodellen Teil der besagten Veränderung. BIM benötigt die Unterstützung von jedem Mitarbeiter und kann genutzt werden, um jeden Mitarbeiter erfolgreicher zu machen. Die Arbeitsmethode wird also im gesamten Unternehmen verankert und fördert konkrete, wirtschaftliche Mehrwerte auf vielen Ebenen. Das BIM-Team ist dabei weniger als eine Expertengruppe zu verstehen. Es sind vielmehr alle Mitarbeiter, die gemeinschaftlich Erfolg erzielen.

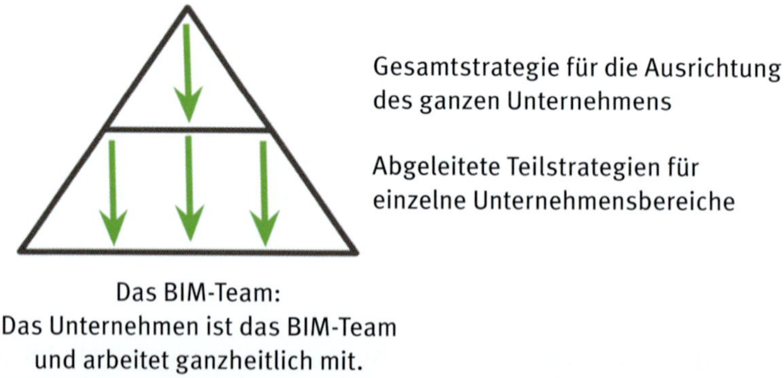

Abbildung 1: Unternehmensdreieck, Management oben, operative Bereichen unten. Ganzheitliche Unterstützung ist ein wesentlicher Bestandteil der BIM-Ausprägung im Unternehmen. Das gesamte Unternehmen ist das BIM-Team und arbeitet an BIM mit.

BIM und die Digitalisierung implizieren so nicht nur eine abgeschlossene Phase der Einführung, sondern eine langfristige Entwicklung. Pilotprojekte werden fortlaufend vollzogen, neue BIM-Anwendungen im Projekt immer wieder eingeführt und stets optimiert. Jedes Resultat bildet einen Zwischenschritt zum nächsten.

Der Weg eines Unternehmens ist dabei ganz eigen. Individuelle Merkmale wie etwa die Unternehmensgröße, Kunden, Partner, Wertschöpfung oder die Internationalisierung sind einige Entscheidungskriterien von vielen für die Festlegung für das optimale Vorgehen.

Fragen wie Open BIM oder Closed BIM, die Projektorganisation, die Zusammenstellung von Kompetenzen oder Schnittstellen spiegeln es wider. Mehr dazu finden Sie in „BIM-Einstieg kompakt“, Beuth Verlag.

Eine der wichtigsten Herausforderungen ist es damit, die eigenen Anforderungen interpretieren und das individuelle Vorgehen strategisch fixieren und konsequent umsetzen zu können.

Interdisziplinär und vielfältig

Die Theorie gewährt einen Einblick in die Zusammenhänge hinter der Gestaltung von BIM in Unternehmen und Projekt. Die Praxis ist jedoch vielfältiger und voller Herausforderungen. Sie setzt viel BIM-Erfahrung und Verständnis voraus. Vor diesem Hintergrund beschreibt das vorliegende Buch die BIM-Praxis bei führenden Unternehmen ausgehend von dem jeweiligen unternehmerischen Hintergrund. Als Ausgangsbasis dienen die Wertschöpfung und die Fragen, wie BIM diese operativ fördert.

Diverse Facetten von Building Information Modeling werden so bedient und verleihen dem Leser vielfältige Einblicke in die Praxis.

So können Rückschlüsse aus Erfahrungsbeispielen der eigenen Disziplin gezogen werden. Aber auch Ähnlichkeitsmerkmale wie die gleiche Unternehmensgröße bieten einen guten Orientierungspunkt für konkrete Handlungsanweisungen.

Nicht zuletzt eröffnet dieses Buch umfassendes, interdisziplinäres Wissen über BIM in der konkreten Praxis, die Grundlage für jede Form der Zusammenarbeit.

Themengerüst

Die inhaltliche Textgrundlage besteht aus Fragen, die den Autoren im Vorfeld überreicht wurden. Diese gelten als eine grundlegende strukturelle und inhaltliche Leitlinie für die Beiträge. Zudem sichern sie eine gewisse, interdisziplinär orientierte Vergleichbarkeit der Inhalte. Ausgehend von dem jeweiligen professionellen Hintergrund, ist jeder Autor anders mit diesen Punkten umgegangen.

Die folgenden Hinweise wurden gestellt:

1 Fokus Unternehmen

a) Auslöser

Fragen: Jedes Unternehmen hat einen speziellen Auslöser und eine individuelle Geschichte, wie es zur Einführung von BIM kam. Was war Ihr Auslöser und was hat man sich von dem Schritt erhofft? Sind die Ziele von damals schon heute erfüllt worden?

b) Einfluss auf Geschäftsmodell

Frage: BIM beeinflusst jedes Unternehmen auf unterschiedliche Weise. Welche Besonderheiten, Potenziale und Risiken sehen Sie heute und in der Zukunft, vor allem für die Geschäftstätigkeit Ihres Unternehmens, aufgrund von BIM?

c) Einrichten von Rahmenbedingungen

Fragen: Eine BIM-Entwicklung sollte auf die individuellen Potenziale zielorientiert ausgerichtet sein. Dabei sollten organisatorische Rahmenbedingungen vorab geschaffen sein. Wie organisieren Sie BIM intern hierarchisch, beispielsweise in einem Organigramm als auch zeitlich in einer Roadmap? Welche Erfahrungen haben Sie mit der Organisation von BIM gemacht?

d) Anwendungsfälle

Fragen: Grundsätzlich sind unendlich viele BIM-Anwendungsfälle denkbar, doch nicht durchführbar. Welche Anwendungsfälle sehen Sie als individuell außerordentlich bedeutsam? Welche empfinden Sie als einfach und welche als schwer erschließbar? Warum unterstützen diese Ihre BIM-Potenziale am besten?

e) Mitarbeiter

Fragen: Ohne motivierte Mitarbeiter kann kein Projekt abgewickelt werden. Gute Mitarbeiter sind selten. Gleichzeitig erfordert die Digitalisierung neue Art von Spezialisten. Entstehen aus Ihrer Sicht neue Rollen und Aufgaben aufgrund BIM? Wie kann man heute und in Zukunft Mitarbeiter motivieren, fortbilden und halten?

2 Fokus Projektabwicklung

a) Mehrwerte

Frage: Welche Mehrwerte stehen bei Ihren Projekten bereits heute im Fokus und werden in Zukunft von Bedeutung sein?

b) Prozesse

Fragen: Mit welchen Prozessen erreichen Sie vorrangig Mehrwerte und wie gestalten Sie diese? Wie bereiten Sie diese Prozesse vor? Was macht den Unterschied zur herkömmlichen Projektabwicklung aus?

c) Risiken und Verbesserung

Fragen: Gibt es neue Risiken, die vermieden werden müssen? Wie wird das vollbracht? Wo besteht auch in Zukunft Handlungsbedarf?

d) Projektpartner und Auftraggeber

Frage: Wie überzeugen und integrieren Sie Projektpartner und Auftraggeber?

3 Fokus Projekt

a) BIM-Projekt

Frage: Vorstellung eines BIM-Projektes inklusive der primären Ziele, Mehrwerte als auch der unterstützenden Prozesse.

b) Erfahrungen

Fragen: Welche BIM-Erfahrungen konnten Sie in diesem Projekt machen? Wie möchten Sie diese Erfahrungen auf weitere Projekte übertragen und weiterentwickeln bzw. vermeiden?

4 Ausblick

a) Heute und morgen

Fragen: Wie unterstützt BIM den Erfolg Ihres Unternehmens heute und wie soll es in Zukunft sein? Welchen Einfluss hat BIM auf die Geschäftstätigkeit Ihres Unternehmens?

Bitte berücksichtigen Sie, dass die Antworten der Autoren aus der individuellen Perspektive resultieren. Sie entsprechen dem BIM-Verständnis der jeweiligen Disziplin. Auch ist die Vorbildung jeweils eine andere. Der eine Autor mag mehr strategisch, der andere eher technik- oder prozessorientiert sein. Die Besonderheit liegt in der breiten Vielfalt.

Kurzvorstellung

Autor

Dipl.-Ing. Achim Eutebach

Diplom 1994 konstr. Ingenieurbau, Universität Stuttgart

1993 Drees & Sommer, Projektsteuerung, Stuttgart

1994–1999 Zentrale Technische Abteilung, Philipp Holzmann AG, Frankfurt

1999–2003 Boll und Partner GbR, Stuttgart

Seit 2003 Geschäftsführender Gesellschafter, Boll und Partner GmbH & Co.KG

Nach zahlreichen Erfahrungen in der Projektsteuerung und mit integrierter Planung in der Planungsabteilung der Baufirma Philipp Holzmann AG verantwortet Achim Eutebach seit 2003 als Geschäftsführender Gesellschafter bei Boll und Partner den Hochbausektor. Angeregt durch die Planung des Mercedes Benz Museums hat er mit dem Zentralgebäude der Leuphana Universität die BIM-Arbeitsmethode im Büro eingeführt, deren Weiterentwicklung nun in einem eigenen Bereich für digitale Planung erfolgt. Zu seinen Tätigkeitsschwerpunkten gehören die integrale Tragwerks- und Objektplanung von Hoch- und Ingenieurbauwerken. Als Referent und Autor berichtet er immer wieder von den Tätigkeiten des Büros als „first player" beim BIM.

Unternehmen

Boll und Partner Beratende Ingenieure VBI, Ingenieurgesellschaft mbH & Co. KG

Leistungen/Produkte

Tragwerksplanung, Objektplanung, bautechn. Prüfung, Sanierungsplanung,
BIM Consulting

Art der Leistungen/Produkte

BIM Consulting für Owner Setups, Projekt Setups – BAP,
Beratung zur Einführung von BIM in Ing.-Büros

Mitarbeiterzahl

70

URL zum Unternehmen

www.boll-und-partner.de

1 Fokus Unternehmen

a) Auslöser

Von 2003 bis 2006 arbeitete unser Büro mit den Architekten von Ben van Berkel am Mercedes-Benz Museum, das auf vielen Ebenen ein sehr komplexes Bauvorhaben war. Zugleich eröffnete die Digitalisierung neue Möglichkeiten. Also begannen wir, Gewohntes zu überdenken. Was wäre, wenn alle ein gemeinsames Gebäudeverständnis haben? Wenn alle am Bau beteiligten Partner stets auf dieselben Datenstämme zurückgreifen können? Es war uns klar, dass es eine neue, tiefer gehende Arbeitsmethode braucht, die alle am Bau integriert. Und die setzten wir dann 2008 um, als wir mit dem Zentralgebäude der Universität Leuphana beauftragt wurden.

Abbildung 1: Mercedes-Benz Museum

Wir suchten nach einer Software, die es uns ermöglichte, durchgängig 3D zu arbeiten, und zwar immer auf Basis einheitlicher Daten. Sie sollte Schnittstellen zu unseren internen und externen Planungstools und -partnern vorsehen. Das Softwarehaus ‚Hafners Büro', mit dem Boll und Partner zusammenarbeitet, recherchierte für uns und riet zum Programmpaket Revit von Autodesk. Nach ersten Testprojekten war uns klar, welches enorme Potenzial in dieser neuen Arbeitsweise steckt. Die Weiterentwicklung der Software durch Autodesk begleiteten wir hausintern durch eigene neue Standards und optimierte Workflows. Die haben wir dann zunächst im Hochbau eingesetzt. Und zwar nicht ruckartig, was selten gut geht, sondern fließend und in kleinen Schritten, ‚little BIM'. Die Arbeitsweise setzte sich schnell durch, ihr Mehrwert lag klar auf der Hand, und zwar nicht nur für uns, sondern auch für unsere Kunden. Denn BIM bringt eine deutliche Transparenz. Es beschleunigt das Gebäudeverständnis enorm und reduziert die Fehlerquote merklich.

Wir sparen uns Einarbeitungszeiten und Mehrfacheingaben, arbeiten mit durchgängig einheitlicher Datenbasis, was nicht nur bei den Massen deutlich präzisere Ergebnisse ermöglicht. Die Arbeitsweise bei Boll und Partner hat sich aus absoluter Überzeugung in Richtung BIM entwickelt und ist heute fast schon Teil unserer DNA geworden.

Abbildung 2: Leuphana

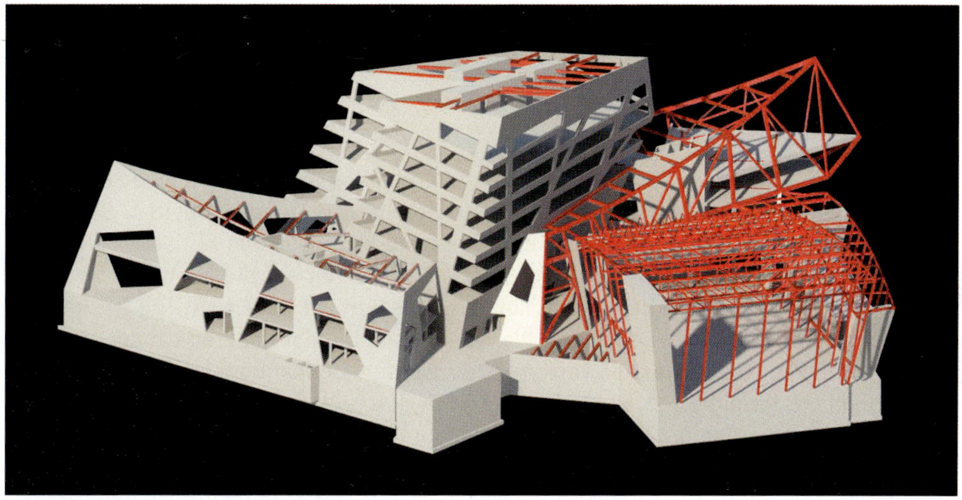

Abbildung 3: Leuphana-Modell

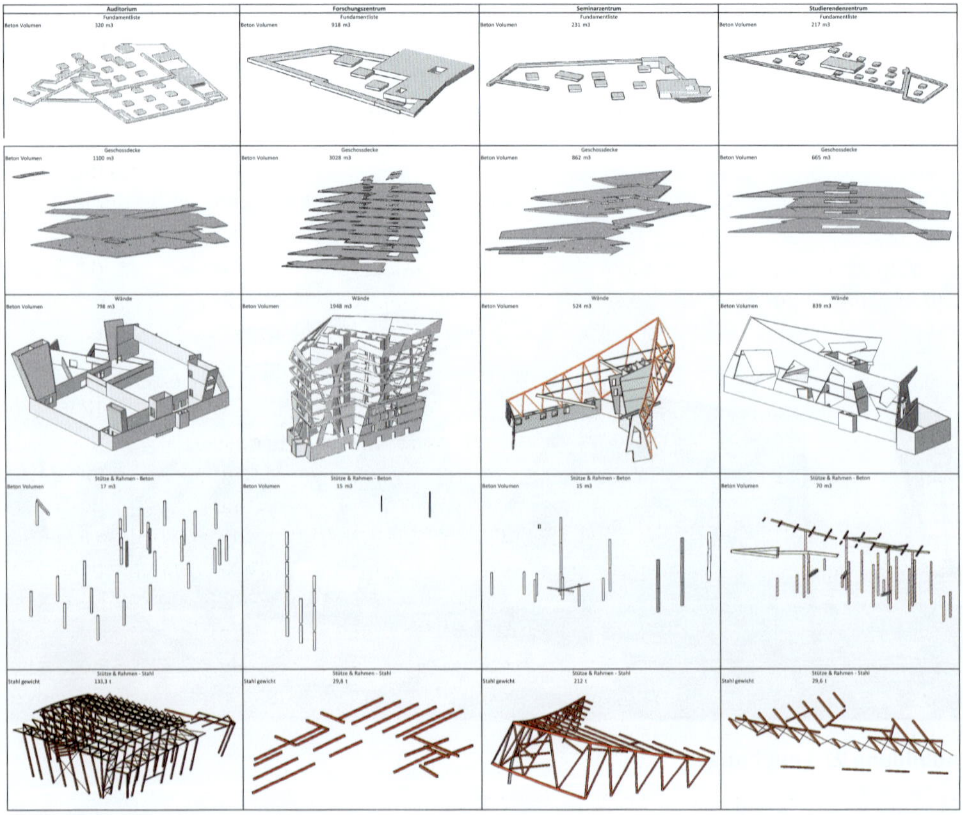

Abbildung 4: Massenauszug

b) Einfluss auf Geschäftsmodell

BIM barg für uns nie ein Risiko. Wir haben die BIM-Planungsmethode als eines der ersten Büros in Deutschland eingeführt – seinerzeit noch mit Netz und doppeltem Boden. Es ging uns zunächst darum, die Chancen der Digitalisierung offen und kritisch zugleich für unseren Arbeitsbereich auszuloten, und wir hätten jederzeit auf die alten, noch vorhandenen Planungssysteme zurückgreifen können. Mussten wir aber nicht. Da wir international tätig sind, sind wir auch mit den Planungsmethoden der anderen Länder wie USA, Skandinavien und Großbritannien vertraut. Dort werden die Planungsschnittstellen überwiegend anders formuliert (z.B. Stages 1–3 RIBA durch Planer und weitere Stages 4–7 durch Ausführungsfirmen), was den BIM-Einsatz unterstützt. Diese Erfahrung und dieses Wissen haben wir in unsere büroeigenen Methoden und Abläufe einfließen lassen. All das hat unsere Einführung von BIM sehr erfolgreich gemacht – und natürlich die Wahl der Software: wie sich später gezeigt hat, hatten wir mit Revit damals einen guten Riecher gehabt. Die unter anderen gewählte Software hat sich in der Branche schon weiträumig durchgesetzt.

BIM birgt viele Möglichkeiten. Wir können, ob als Tragwerksplaner allein im ‚little BIM' oder als Teil eines Generalplanungsteams mit gemeinsamem BIM-Setup, zusätzliche Planungsleistungen entwickeln und anbieten, und zwar in 3, 4 oder 5D. Zum Beispiel bei der Objektplanung im Ingenieurbau. Dafür kombinieren wir photogrammetrische Aufnahmen mit unseren Modellen und errechnen daraus künftige Geländedarstellungen, erstellen Massenkontrollen z. B. bei Erdbewegungen oder erzeugen Zustandsdokumentationen zur Bauwerkserhaltung. Diese Art der Projektdarstellung ist z. B. auch für die bürgernahe Aufbereitung von Projektinformationen sehr hilfreich. Welche Eingriffe in bestehende Strukturen und Landschaften sind zu erwarten? Diese Frage, die bei Großprojekten eine immer größere Rolle spielt, können wir mit BIM verbindlich und anschaulich beantworten. Mit BIM können wir unser Leistungsangebot ausweiten, das ist eine große Chance.

Welche Nachteile entstehen durch BIM? Als ‚First Player' können wir mittlerweile auf viele Jahre Erfahrung mit BIM zurückgreifen. Insofern möchte ich klar feststellen: Die Vorteile und Potenziale sind enorm! Wir sind davon überzeugt, dass sich die Methodik über kurz oder lang in allen Bereichen durchsetzen wird. Und damit will ich einen eindeutigen Impuls an die Ausbildung koppeln: Wir sind in Deutschland leider immer noch weit davon entfernt, dass BIM selbstverständlich gelehrt wird. Und das hat gravierende Folgen für den Fachkräftemangel, der unsere Branche ohnehin schon heimsucht! Zudem müssen wir unsere europäische Planungskultur dringend BIM-freundlicher machen. BIM erfordert ein Umdenken aller Beteiligten zur Datengemeinschaft – das ist nichts weniger als ein Paradigmenwechsel. Wir brauchen zuverlässige Schnittstellen und Datenhoheiten müssen gelockert werden. Haftungsfragen müssen neu betrachtet und beachtet werden und Urheberrechte anders gewahrt werden.

c) Einrichten von Rahmenbedingungen

Als ‚First Player' haben wir die Roadmap zu einem sehr großen Teil nicht nur abgeschlossen, sondern unser Motor ist, um im Bild zu bleiben, exzellent eingefahren. Wir implementierten die BIM-Methode seinerzeit projektweise mit Unterstützung der EDV-Abteilung, heute kümmert sich unser BIM-Manager darum, das ist übrigens kein Fantasietitel, sondern eine zertifizierte Qualifizierung. Boll und Partner ist Vorreiter: Wir haben einen der ersten zertifizierten BIM-Manager Deutschlands und arbeiten in vielen neugegründeten Verbänden und Gremien mit, um die Methode weiterzuentwickeln.

Alle unsere Mitarbeiterinnen und Mitarbeiter reagierten und reagieren durchweg positiv auf die Methodik, die älteren, erfahrenen ebenso wie die jungen. Wir alle erleben unsere Arbeitsergebnisse direkt. So viel Kopfarbeit musste früher in die Vorstellungskraft während des Konstruierens eingebracht werden, um Schnitte und Geometrien zu entwickeln. Dies übernimmt das Programm und das ist weitaus weniger ermüdend. Jeder kann seine Kraft nun darin verwenden, was er richtig gut und gerne macht. Und das steigert die Leistungsfähigkeit jedes Einzelnen, des Teams und unseres Büros enorm.

Bei Boll und Partner beherrschen wir BIM aus dem Effeff und wir tun dies, weil wir schon lange damit arbeiten, weil es Spaß macht, wir überzeugt davon sind. Und nicht zuletzt, weil wir regelmäßige BIM-Planungsrunden abhalten, die den Wissenstransfer sicherstellen. Momentan gehen wir den nächsten Schritt in der Organisation unseres Büros: die Digitale Planung rund um BIM wird einen eigenen Geschäftsbereich erhalten.

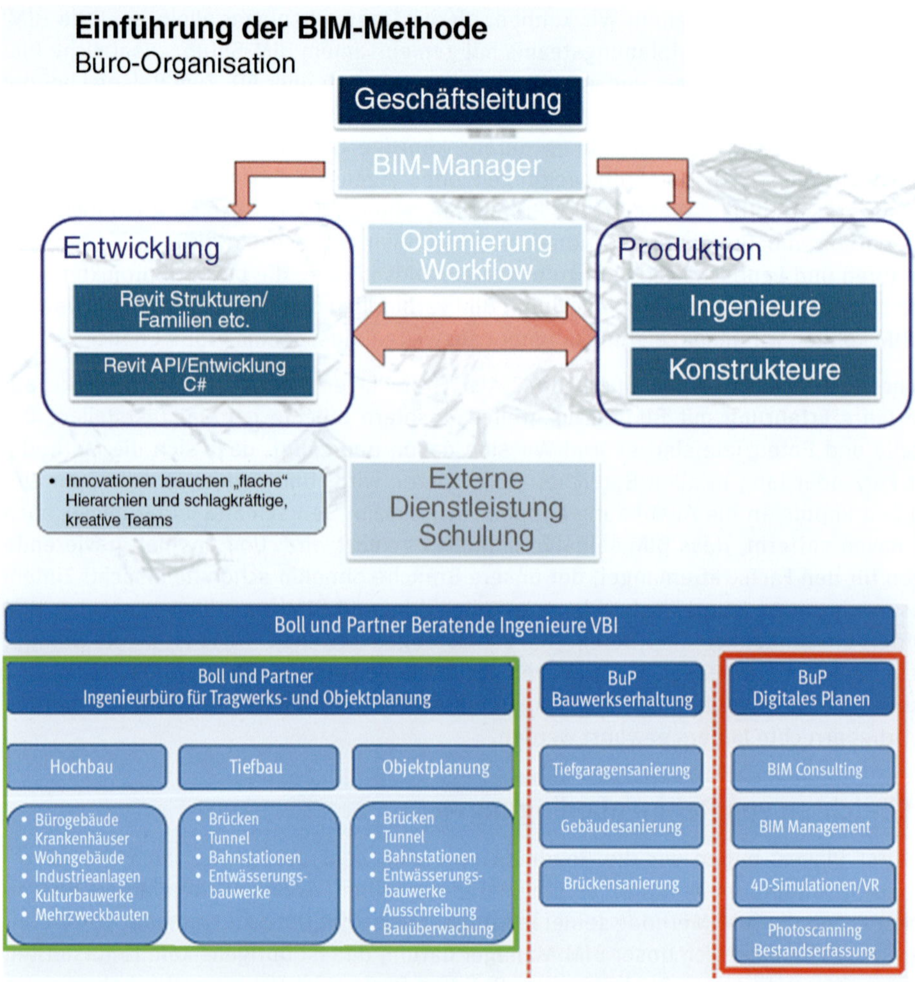

Abbildung 5

d) Anwendungsfälle

Wir nutzen inzwischen standardmäßig in allen Projekten die BIM-Methode. Dabei setzen wir die Software aufgabenbezogen ein: schwerpunktmäßig die Autodesk-Produkte wie Revit in Verbindung mit der Statiksoftware Sofistik, unterstützt durch bimtools von bimotion, einer 2010 gegründeten Tochterfirma der Sofistik AG. Im Stahlbau arbeiten wir mit Tekla, im Tiefbau mit Civil3D. Für weitere Anwendungen der 4D- und 5D-Planung ziehen wir z.B. Navis Works hinzu. Pix4D unterstützt uns in der photogrammetrischen Datenverarbeitung. Welche Software für welches Projekt? Dies entscheidet bei uns der Projektleiter mit Unterstützung des BIM-Managers.

In der Regel bieten wir unseren Kunden die Zusatzleistungen aus der 4D- und 5D-Planung, die sich durch BIM ergeben, nicht nur zu Beginn des Projekts an, sondern auch während dessen Verlauf. Mit Datenauszügen und kleinen Teasern machen wir ihnen diese Möglichkeiten – teilweise kostenfrei – schmackhaft. Allerdings ist im Hochbau die Zahl der Bauherren und Architekten, die den zusätzlichen Nutzen und die Synergien, die sich aus der Arbeit mit dem BIM-Datenmodell ergeben, auch monetär würdigen, immer noch gering.

Im Bereich der Objektplanung hingegen sind 4D- und 5D-Planungsleistungen gut nachgefragt, zum Beispiel bei Bauablaufdarstellungen und für Abrechnungsgrafiken. Das liegt sicher auch daran, dass wir in den Planungen den engeren Kontakt mit dem AG pflegen und einfach weil wir einen größeren Teil der Planung im eigenen Haus koordinieren und erstellen und es somit weniger Beteiligte sind. Hier entscheiden wir als Objekt- und Tragwerksplaner, wie wir dem AG gute Planung präsentieren. Nicht zuletzt entstehen damit die Synergien wieder bei uns im Haus.

e) Mitarbeiter

Wir haben unsere Mitarbeiter früher zunächst alle mit Hilfe externer Partner wie bimotion und Hafners Büro in die BIM-Thematik eingearbeitet. Seit einiger Zeit vertiefen wir das Wissen über interne und externe Workshops. Wir ergänzen und verbessern den Workflow zwischen unseren Disziplinen kontinuierlich. So sind wir in der Lage, uns flexibel und schnell an Markttendenzen, Soft- oder Hardwareentwicklungen anzupassen – auch solche, die aus dem Ausland kommen. Boll und Partner ist international ausgerichtet, wir kennen und beherrschen, um ein Beispiel zu nennen, angelsächsische Planungsabläufe. Internationaler Wissenstransfer findet sicherlich zudem allein schon dadurch statt, dass wir vermehrt Mitarbeiterinnen und Mitarbeiter aus dem Ausland rekrutieren. Wir beschäftigen Experten aus Indien, Spanien, Polen, Kroatien, Griechenland oder den Niederlanden. Sie alle arbeiten mit BIM und entwickeln die Methode im Team weiter.

BIM erfordert einen Wandel. Und den sehe ich zuerst sehr stark in der Art, wie wir heute arbeiten. Bei Boll und Partner arbeiten die Konstrukteure Hand in Hand mit den Modellierern und Ingenieuren, nur im Team erreichen wir den wichtigen und steten Wissenstransfer, nur im Team erreichen wir unsere Ziele. Und deshalb müssen wir einander verstehen und in unsere jeweilige Arbeit integrieren. Der einsame Spezialist, wenn es ihn denn überhaupt je gab, hat ausgedient. Heute modelliert der Konstrukteur z. B. Inhalte, die beim Transfer des Modells zum Statik-Programm von diesem mit möglichst geringer Nachbearbeitung korrekt interpretiert werden müssen.

So sind indirekt alle Mitarbeiter für das gesamte Projekt, das Modell verantwortlich. Es gibt weniger Bauteilverantwortung und mehr Projektverantwortung.

Durch BIM entstehen natürlich auch völlig neue Arbeitsbereiche, zum Beispiel der des ‚Modellierers‘ oder der der ‚BIM-Manager‘. Mit ihnen können wir zukünftig auch verstärkt projektübergeordnete Beratungs- und Dienstleistungen für Bauherren und andere Projekte erbringen, eine spannende Aufgabe! Überhaupt erschließt BIM im Bereich Consulting einige Möglichkeiten, die wir nutzen, z. B. indem wir bei der Einführung von „OwnerBIM“-Systemen beraten, bei der Datenverarbeitung und -aufbereitung von z. B. Punktwolken oder Bildmaterial, der Programmierung von z. B. generischen Gebäudeteilen und Automatismen mit Hilfe von z. B. Dynamo.

2 Fokus Projektabwicklung

a) Mehrwerte

BIM hat den Workflow deutlich verbessert. Wir vermeiden Mehrfacheingaben (Geometrien, Eigenschaften etc.) und minimieren so Informationsverluste, auch, weil wir die Schnittstellen zu anderen Programmpaketen ständig weiterentwickeln. Ein Projekt ist dank der Visualisierung einfach wahrnehmbar, was teure Einarbeitungszeit erheblich reduziert. Die modellbasierte Arbeitsweise reduziert Fehler, Bezugs- oder Verweisfehler können wir heute sogar nahezu ausschließen. Einen Großteil des Projektwissens verankern wir im Modell, die Dateninhalte werden von Beginn an erweitert.

Und wir ergänzen immer mehr und mehr Bausteine, zum Beispiel Bewehrung, Abrechnung, Aufmaße. Das macht die Projektdarstellung und -kontrolle nicht nur technischer, sondern für alle Beteiligten noch anschaulicher und effizienter.

b) Prozesse

Nehmen Sie allein den Bereich Statik. Vor BIM erfolgte die Darstellung des Entwurfes durch den Konstrukteur, der dann auch die Schalplanung meist in 2D-Grundrissen erstellte, die durch Schnitte und Details ergänzt wurden. Diese Grundrisse wurden in den jeweiligen Phasen dann vom Ingenieur in ebene oder räumliche Systeme übersetzt und in Berechnungsprogramme eingegeben. Heute, mit der Modellierung bereits in der Entwurfsphase, entsteht ein Datenstamm, auf den alle Beteiligten zurückgreifen. Alle Informationen können wieder in das zentrale Modell eingepflegt werden und wir vermeiden Mehrfacheingaben.

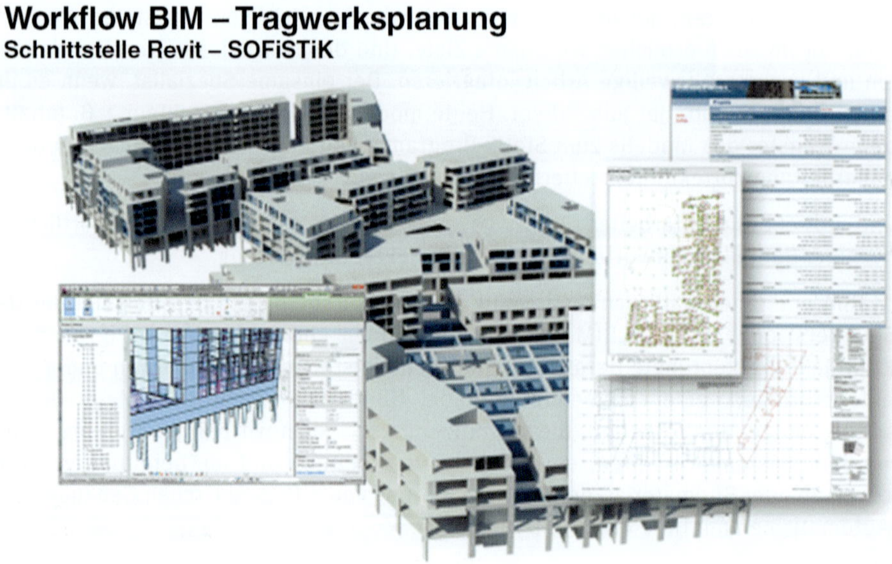

Abbildung 6

c) Risiken und Verbesserung

Ganz wichtig: Sprachlosigkeit vermeiden. Mancher wird in Anbetracht der bildhaften Darstellung und digitalen Kommunikationsmöglichkeiten noch wortkarger. Planen heißt nach wie vor miteinander sprechen, den anderen verstehen. Wir dürfen uns nicht hinter Bits und Bytes verschanzen, eine Aufforderung, die ja nicht nur im Beruflichen gilt.

Wenn BIM überhaupt ein Risiko birgt, dann in falschen Setups und in überzogenen Vorstellungen bei Ersteinsätzen. Jeder Einsatz im Projekt muss maßvoll bewertet werden – hierzulande neigen wir dazu, gleich alle noch so kleinen Randerscheinungen mit der neuen Methode lösen zu wollen. Das ist nicht zielführend.

Erfolgreich ist BIM, wenn es schrittweise eingeführt wird. Zu groß aufgesetzte Systeme mit zu viel angestrebten Inhalten können schnell scheitern. Das erste Ziel muss sein: die Uraufgabe lösen, die Planung der einzelnen Fachdisziplinen. Wenn die Akzeptanz der Planer gewonnen ist und die Abläufe bekannter sind, kann man weitermachen: Schritt für Schritt. Pilotprojekte zu groß anzugehen oder BIM-Neulinge in Projekten mit unnachgiebigen Projektterminplänen zu integrieren, halte ich für eine schlechte Idee. Erfolgreiches Arbeiten mit BIM heißt für mich aber auch: BIM konsequent nutzen. Der Aufwand für die Kalkulation von Projekten kann sich dank BIM drastisch reduzieren – aber nur, wenn auch die Technische oder die Kalkulationsabteilung BIM für sich nutzen, sprich, wenn sie mit den Daten im Modell arbeiten können.

Handlungsbedarf besteht noch an vielen Stellen. Standards müssen einheitlich definiert, LODs in der Planung einheitlich beschrieben werden. Und wir müssen die Vergütungsmodelle überdenken. Der frühe Einsatz der BIM-Methodik verschiebt Leistungen aus späteren Leistungsphasen nach vorne. Dies erfordert bei nicht durchgehender Beauftragung oder Planungsstopps oder einem Planerwechsel alternative Vergütungsmodelle. Ich könnte mir vorstellen, dass zukünftig z. B. der Beitrag der einzelnen Fachplaner im Modell bewertet und vergütet wird.

d) Projektpartner und Auftraggeber

Wenn wir akquirieren, weisen wir stets auf die Planungsmethodik hin und schildern ihre enormen Vorteile für alle. Die meisten scheuen sich vor Zusatzkosten, die aber bei gleichen Leistungsinhalten nicht entstehen. Derzeit können wir es noch schwer durchsetzen, dass die Verschiebung des Aufwands zwischen den Phasen honoriert wird. Hier tragen wir meist noch das Risiko.

Inzwischen haben die meisten Auftraggeber das Thema BIM durchaus auf ihrer Agenda, sei es durch die verstärkte Präsenz von BIM in Seminaren und Tagungen oder in Vereinigungen wie den BIM-Clustern, sei es durch angestoßene Pilotprojekte und Vorhaben z. B. der DB oder des Bundes. Das ist erfreulich und höchste Zeit.

Wenn wir im Projekt mit BIM arbeiten, ist der Vorteil für alle Beteiligten immer schnell sichtbar. Schon die ersten Planungsergebnisse werden in der Regel schneller, verständlicher, fehlerfreier und für alle weiterverwendbar geliefert. Dieser Mehrwert liegt schon nach dem ersten durchgeführten Projekt für jeden auf der Hand, spätestens nun braucht es keine Überzeugungsarbeit mehr. Bei Boll und Partner ist uns immer bewusst, dass ein Kunde, der das erste Mal mit BIM arbeitet, einen sehr großen Schritt tut und wir ihn verständnisvoll begleiten müssen.

3 Fokus Projekt

a) BIM-Projekt

Boll und Partner hat zwischenzeitlich über 100 Projekte auf Basis der BIM-Technologie umgesetzt, 97 Prozent waren noch ‚smallBIM‘- oder „closedBIM“-Projekte, da die beteiligten Planungspartner meist noch nicht mit der BIM-Methodik vertraut waren.

Nachdem Deutschland in den vergangenen Jahren nach aufsehenerregend aus dem Ruder geratenen Großprojekten nun die Digitalisierung mit dem Ziel der qualitätsvolleren, termin- und kostengetreueren Abwicklung von Projekten vorantreibt, werden vermehrt auch Projekte mit verbindlich anzuwendender BIM-Methodik umgesetzt. Mit unserem Bereich Digitales Planen erstellen wir z. B. den BAP für einen Neubau eines Seminarzentrums.

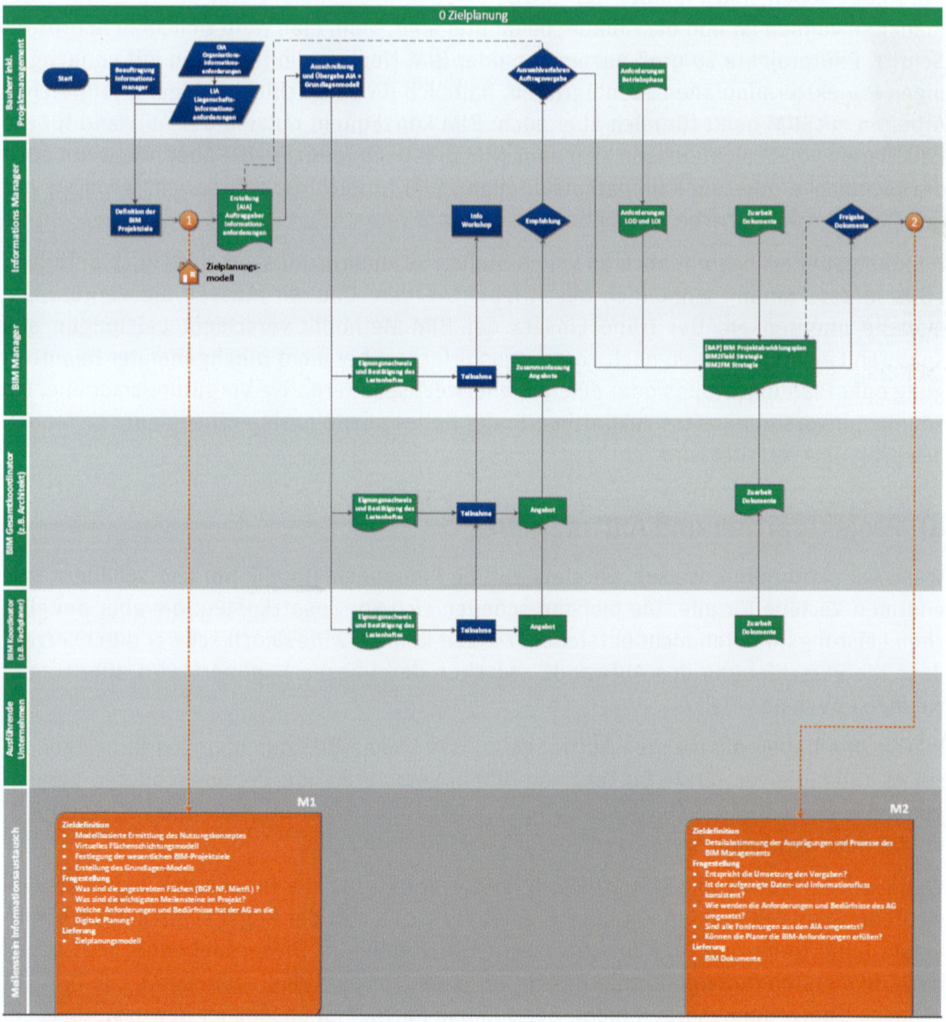

Abbildung 7: Ausschnitt BIM-Prozesslandschaft

Weiterhin sind wir an Pilotprojekten und der Einführung im Bereich der Infrastruktur beteiligt.

Aufgrund der Vielschichtigkeit der Einsatzbereiche der BIM-Technologie möchte ich nicht ein Projekt hervorheben, sondern diese Vielseitigkeit mit einigen Beispielen aus den bei uns mit entwickelten und in Anwendung befindlichen Teilgebieten des BIM aufzeigen:

Tragwerksplanung vom Entwurf bis zur Ausführung mit Einsatz BIM-Modell (Revit und Tekla) am Beispiel Messehalle 10, Stuttgart:

Abbildung 8: Modell LP 3

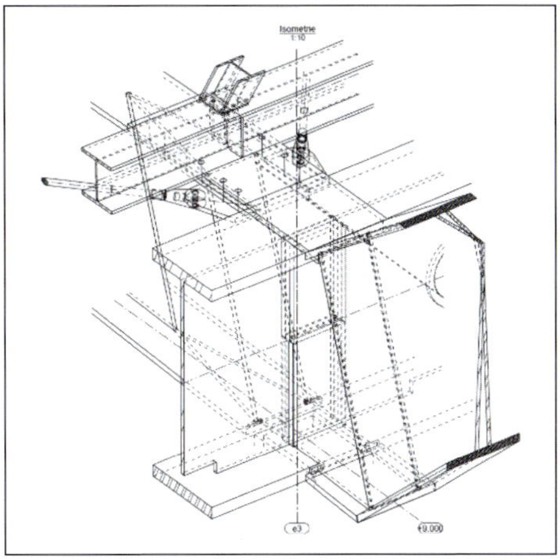

Abbildung 9: Detaillierung LP 4,5

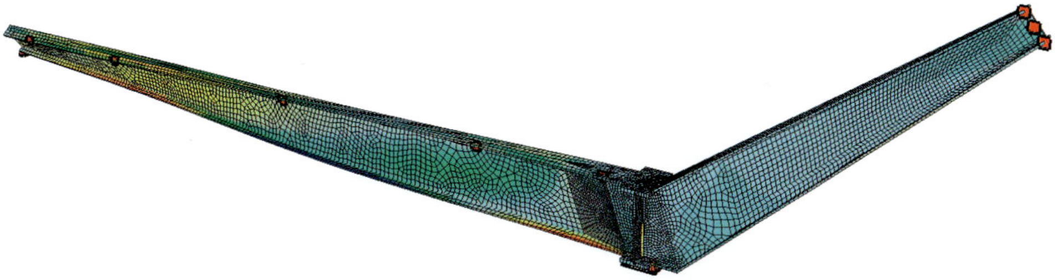

Abbildung 10: Übergabe der Geometrie aus BIM an Statiksoftware

Abbildung 11: Ausführung

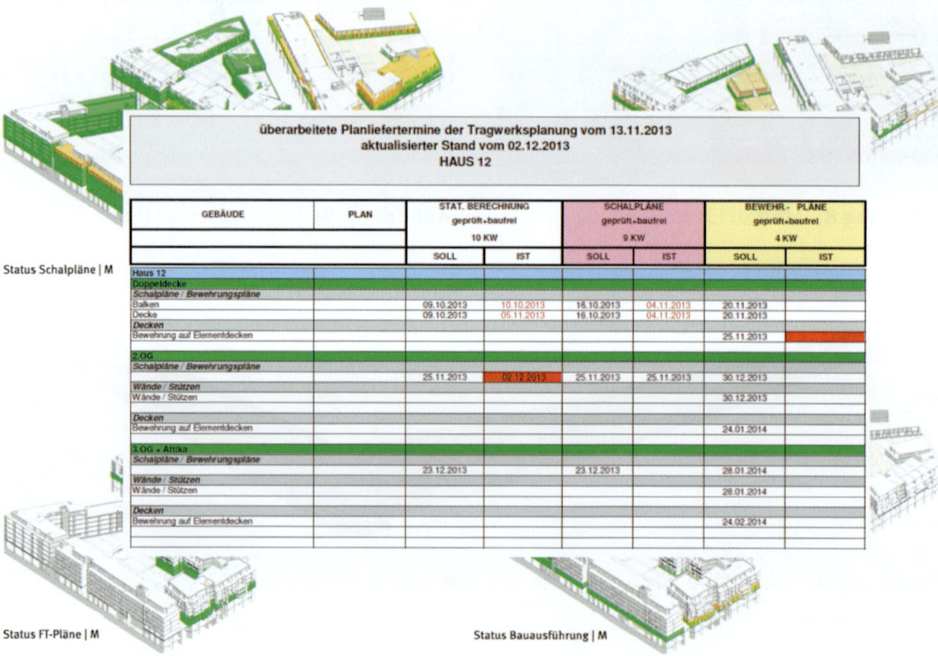

überarbeitete Planliefertermine der Tragwerksplanung vom 13.11.2013
aktualisierter Stand vom 02.12.2013
HAUS 12

GEBÄUDE	PLAN	STAT. BERECHNUNG geprüft+baufrei 10 KW		SCHALPLÄNE geprüft+baufrei 9 KW		BEWEHR.- PLÄNE geprüft+baufrei 4 KW	
		SOLL	IST	SOLL	IST	SOLL	IST
Haus 12							
Doppeldecke							
Schalpläne / Bewehrungspläne							
Balken		09.10.2013	10.10.2013	16.10.2013	04.11.2013	20.11.2013	
Decke		09.10.2013	05.11.2013	16.10.2013	04.11.2013	20.11.2013	
Decken							
Bewehrung auf Elementdecken						25.11.2013	
2.OG							
Schalpläne / Bewehrungspläne							
		25.11.2013	02.12.2013	25.11.2013	25.11.2013	30.12.2013	
Wände / Stützen							
Wände / Stützen						30.12.2013	
Decken							
Bewehrung auf Elementdecken						24.01.2014	
3.OG + Attika							
Schalpläne / Bewehrungspläne							
		23.12.2013		23.12.2013		28.01.2014	
Wände / Stützen							
Wände / Stützen						28.01.2014	
Decken							
Bewehrung auf Elementdecken						24.02.2014	

Abbildung 12: Terminkontrolle und Baufortschrittskontrolle/Abrechnungsverfolgung am Beispiel ThinkK, Stuttgart

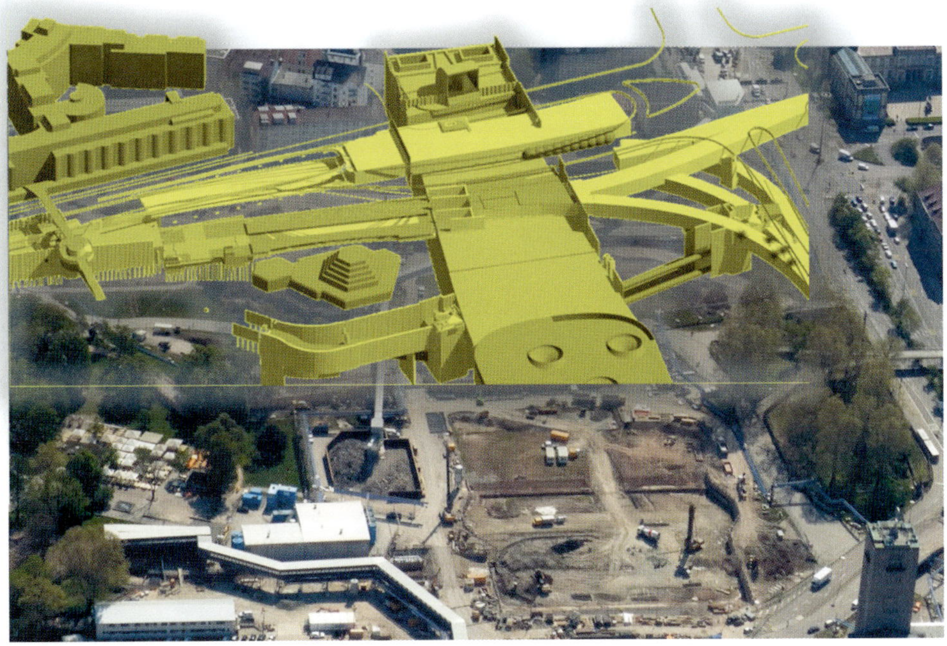

Abbildung 13: Überlagerung Luftbildaufnahme und BIM-Modell zur Bauphasendarstellung S21

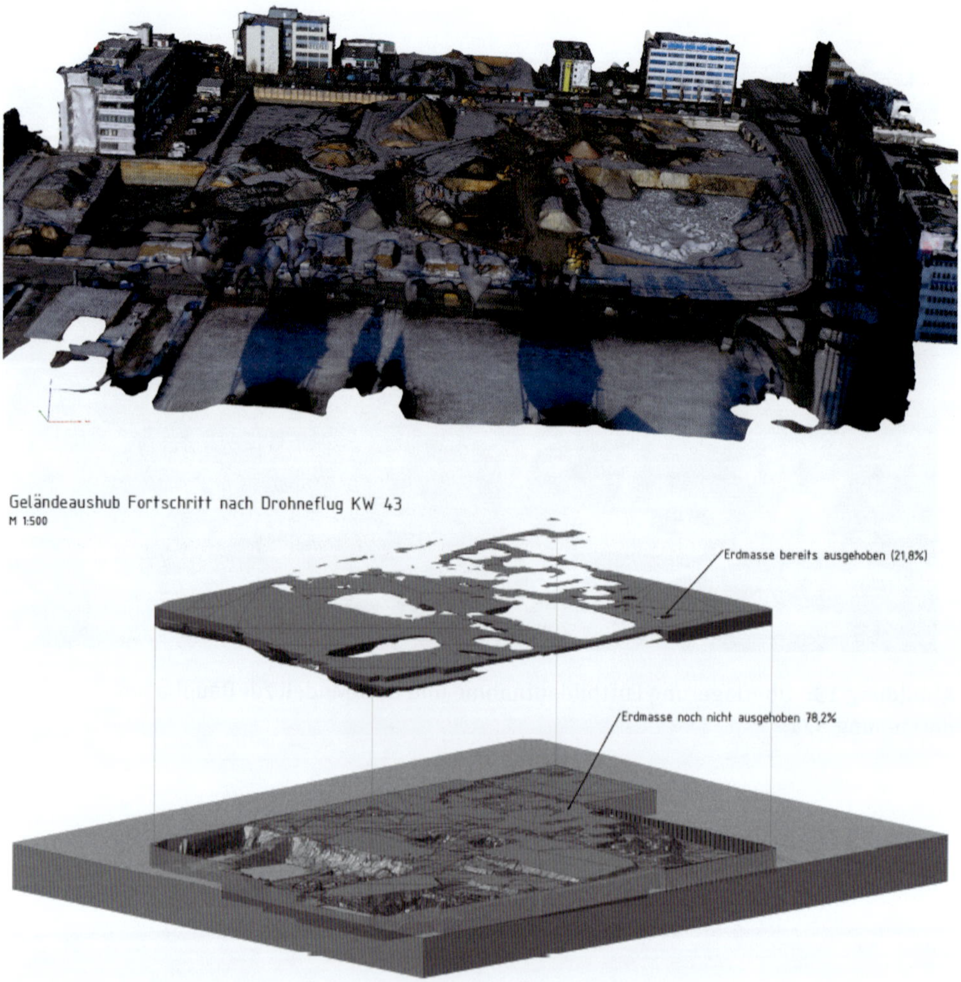

Abbildung 14: Massenkontrolle bei Baugrubenherstellung Bürogebäude Vaihingen: Bildaufbereitung aus Drohnenflug zum 3D-pdf mit Massenabgleich

b) Erfahrungen

Seit der Einführung der BIM-Methode entwickeln sich die Möglichkeiten und die Anwendungsbereiche stetig weiter. Da wir meist noch alleine mit der Methodik in den Projekten stehen, sind wir auch darauf bedacht, intern Synergien zu generieren. Durch die konsequente Anwendung entwickeln sich in den Projekten dann aber auch übergreifend neue Ideen zum Einsatz. Software wird fallweise ausgewählt und hinzugezogen, um Informationen aus dem BIM-Modell zu ziehen oder diese zu ergänzen. Alles erfolgt mit dem Ziel, dem Kunden eine detailgetreue, nachvollziehbare und qualitativ hochwertigere Planung zu liefern.

4 Ausblick

a) Heute und morgen

Boll und Partner ist seit 1970 als Spezialist in der Tragwerksplanung im Hoch- und Ingenieurbau bekannt. Bei allen technologischen Fortentwicklungen wie CAD oder FE haben wir immer früh umgestellt und unsere Planungsmethoden und -strukturen angepasst. Auch bei der Umstellung auf die BIM-Planungsmethode waren wir einer der Vorreiter unserer Branche. Mehr noch: wir sind Vordenker! Wir treiben die Entwicklung voran und engagieren uns aktiv für den Paradigmenwechsel in der Baubranche. Dieser Paradigmenwechsel tut Not. In den letzten Jahren herrschte im Bauwesen so viel Misstrauen, man bezichtigte sich gegenseitig, diesen oder jenen Fehler gemacht zu haben. Auch wenn das jetzt etwas therapeutisch klingt: BIM bringt uns wieder zusammen, es ermöglicht uns, wieder offen und vertrauensvoll miteinander zu arbeiten. Alle im Bauteam können die vorhandenen Informationen im BIM-Modell einsehen und nutzen, das Modell hält nichts zurück. Ich halte viel von dieser Datentransparenz: sie ermöglicht uns ein vertrauensvolles, streitfreies Bauen. Es wird in Zukunft wieder zuerst und zuletzt darum gehen, ein tolles Projekt zu bauen. Und nicht darum, wem jetzt welcher Fehler in der Informationskette gerichtlich anzulasten ist. Darauf freue mich mich!

Kurzvorstellung

Autoren

Mag. arch. Moritz Heimrath

Moritz Heimrath hat an der Akademie der bildenden Künste in Stuttgart studiert und sein Studium an der Universität für angewandte Kunst in Wien im Jahre 2010 mit Auszeichnung abgeschlossen. Er ist seit Juli 2010 bei Bollinger Grohmann Schneider ZT GmbH beschäftigt und u. a. als Mitglied eines büroeigenen Forschungsteams an der Entwicklung des parametrischen Finite-Elemente Grasshopper Plug-ins „Karamba" beteiligt. In der Forschung konzentriert er sich zudem auf die Beziehung von Struktur, computergestützten Strategien und ästhetischen Konzepten.

Moritz Heimrath lehrt die Umsetzung von digitalen Design-Strategien am Institut für Technologie GSO in Nürnberg, Deutschland, und digitale Analysen und Simulationen an der Akademie der bildenden Künste, Wien.

Dipl.-Ing. (FH), M.Eng. Kim Boris Löffler

Kim Boris Löffler hat sein Studium der Architektur 2008 an der Fachhochschule Erfurt mit der Vertiefung Konstruktives Entwerfen als Diplom-Ingenieur abgeschlossen. Von 2009 bis 2012 war er bei Werner Sobek angestellt und hat dort Erfahrung in der Planung und Optimierung bis zur Werkstattplanung von komplexen, größtenteils Stahl-Glas-Konstruktionen gesammelt. 2008 war er außerdem als Architekt für das Büro Werner Sobek in Moskau tätig.

Seit September 2012 ist Kim Boris Löffler bei Bollinger + Grohmann beschäftigt. Seitdem ist er als Leiter der performative Building Group an unterschiedlichen Projekten mit den Schwerpunkten komplexe Geometrien, parametrische Optimierung und Fassadenplanung beteiligt. 2015 schloss er außerdem ein weiterbildendes Studium zum Fachingenieur Fassade an der Hochschule Augsburg ab.

Dipl.-Ing. Matthias Stracke

Matthias Stracke studierte Bauingenieurwesen an der Technischen Universität Dortmund und schloss sein Studium als Diplom-Ingenieur 1996 ab. Er ist seit Juli 1996 bei Bollinger + Grohmann Ingenieure beschäftigt. Seit 2011 ist er für das Büro in Norwegen tätig, seit 2015 als Geschäftsführer von Bollinger + Grohmann Ingeniører in Oslo.

Matthias Stracke ist für das Projektmanagement und die Überwachung der Tragwerksplanung von verschiedenen nationalen und internationalen Projekten verantwortlich. Seine Expertise umfasst seismische Analysen und Feuerwiderstand für Stahlkonstruktionen und die Implementierung von „non progressive collapse design“ und „blast mitigation“. Darüber hinaus verfügt er über umfassende Kenntnisse in der Gestaltung geometrisch komplexer Strukturen und Freiformstrukturen.

Unternehmen

Bollinger+Grohmann Ingenieure

Leistungen/Produkte

Tragwerksplanung, Fassadenplanung, Bauphysik, Nachhaltigkeit, Geometrieentwicklung – Optimierung, Brandschutz, SiGeko

Mitarbeiterzahl

200

URL zum Unternehmen

http://www.bollinger-grohmann.de

1 Fokus Unternehmen

a) Auslöser

Das Büro Bollinger+Grohmann ist seit mehr als 30 Jahren als multidisziplinäres Ingenieurbüro tätig und hat seitdem an einer Vielzahl von komplexen Gebäuden und Strukturen mitgewirkt. Die Kerndisziplinen von Bollinger+Grohmann sind die Tragwerksplanung, Fassadenplanung und Bauphysik. Neben diesen sind Bauen mit dem Bestand, Brandschutz und SiGeko weitere Leistungen des Büros. Eine Kernkompetenz liegt seit Beginn auf dem Bearbeiten von geometrisch komplexen Projekten.

Ein digitaler Workflow ist schon seit den 1990er-Jahren ein zentraler Bestandteil in der Projektbearbeitung. In der Vergangenheit zielten diese Planungsprozesse eher auf die geometrisch komplexeren Projekte ab. Zum Beispiel war die Planung des Kunsthauses Graz von Peter Cook und Colin Fournier ein integraler Prozess, in dem die Planung des Tragwerkes und der Gebäudehülle mittels 3D-Modellen erfolgte.

Ein aktuelles Beispiel stellt das Projekt ESO-Supernova in Garching bei München da. Das geometrisch anspruchsvolle Projekt wurde von den Architekten Bernhard + Partner aus Darmstadt konsequent mit parametrischen Werkzeugen entworfen und geplant. Der Austausch der Planung zwischen Bernhard + Partner und Bollinger+Grohmann erfolgt meist mittels Kilobyte großen Scriptdateien. Das parametrische Architekturmodell bildete die Grundlage des analytischen Tragwerksmodelles und der Schal- und Bewehrungsplanung. Die Bewehrungsplanung musste aufgrund der geometrischen Anforderungen zwingend in 3D geplant werden. Alle 2D-Pläne wurden aus dem 3D-Modell mit Hilfe von parametrischen Werkzeugen abgeleitet.

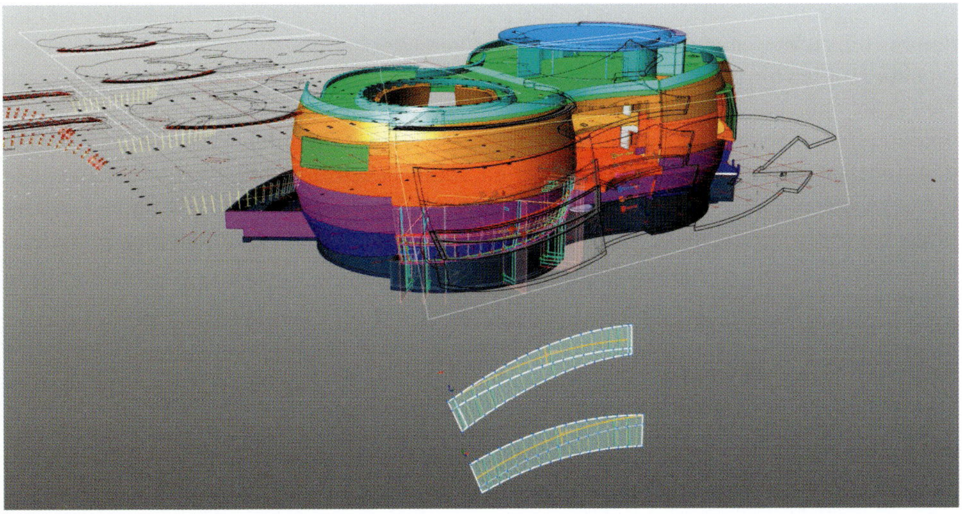

Abbildung 1: Plangenerierung am parametrischen Modell am Beispiel ESO-Supernova – Bollinger+Grohmann

Während parametrische Prozesse eher den Charakter einer internen Arbeitsweise bei der Projektbearbeitung darstellen, verfolgen BIM-Prozesse die Optimierung der Qualität und eine Maximierung der Effizienz des gesamten Lebenszyklusprozesses eines Bauwerks.

Der erste Standort von Bollinger+Grohmann, an den die Anforderungen an einen BIM-Prozess abgefragt wurden, war die Niederlassung in Oslo. In Norwegen und seinen skandinavischen Nachbarn sind, hauptsächlich aufgrund ihrer großen Offshore-Projekte, integrale BIM-Prozesse bereits seit 2008 etabliert. Ebenso existiert seit 2008 eine Studienfachvertiefung mit dem Schwerpunkt auf BIM.

Seit der Büroeröffnung in Oslo 2010 sind alle Projekte mindestens als eine koordinierte 3D-Planung in Zusammenarbeit mit allen Planungspartnern bearbeitet worden.

Bei der Integration an den deutschsprachigen Standorten konnten die Erfahrung des Osloer Büros in BIM-Prozessen und Softwareapplikationen, wie z. B. Solibri, erfolgreich mit einbezogen werden.

Das generierte Wissen aus den skandinavischen Projekten gepaart mit den Erfahrungen aus komplexeren Planungsprozessen stellte ein solides Fundament für die Einführung von BIM als Arbeitsweise an allen Standorten des Büroverbundes dar.

b) Einfluss auf Geschäftsmodell

BIM beeinflusst den gesamten Planungsprozess eines Bauwerkes grundlegend. Als multidisziplinäres Ingenieurbüro tangiert BIM daher die Kernkompetenz von Bollinger+Grohmann vollumfänglich. Den größten Einfluss erfährt seit ca. 2 Jahren der Bereich der Tragwerksplanung. Da Bollinger+Grohmann seit langer Zeit konsequent in 3D plant, sind die Veränderungen weniger in der Art der Projektbearbeitung zu finden, vielmehr verändert sich der eigentliche Workflow beginnend von der Projektleitung über Projektdokumentation bis hin zu Verschiebungen im Leistungsniveau der Leitungsphase. Derzeit ist der gedruckte 2D-Plan die primäre Planungsleistung, in BIM-geprägten Projekten verändert sich dies zusehends hin zu digitalen Datensätzen. Das hat zur Folge, dass sich die am Projekt beteiligten Personen intensiver mit den 3D-Modellen auseinandersetzen müssen. Neben den Konstrukteuren und Projektingenieuren sollten auch die Projektleiter zumindest in der Lage sein, das 3D-Modell zu „lesen" und bewerten zu können. Darüber hinaus bietet BIM viele positive Möglichkeiten, die internen Prozesse weiter zu optimieren. So können zum Beispiel Problemstellungen und Aufgaben über das 3D-Modell zugewiesen, verteilt und dokumentiert werden.

Im gesamten Planungsprozess bietet die Digitalisierung der Kommunikation sehr großes Potenzial. Durch Hilfsmittel wie BCF können unter allen Planungspartnern Problemstellungen exakter und nachvollziehbarer weitergegeben werden.

Des Weiteren wird in BIM-Prozessen die Informationsbereitstellung aller beteiligten Akteure klarer definiert. Im Rahmen des Prozessabwicklungsplans werden zum Beispiel Informationsanforderungen der Auftraggeber chronologisch und inhaltlich zielgerichteter für den Planungsprozess definiert. All dies führt zu einem störungsfreieren Planungsprozess.

c) Einrichten von Rahmenbedingungen

Das Digitale Planen wird bei Bollinger+Grohmann in drei Bereiche unterteilt:

- Parametrisches Arbeiten
- Koordinierte 3D-Planung
- BIM-Prozesse

Projekte mit entsprechender Komplexität werden wie im Vorfeld beschrieben intern mittels parametrischer Werkzeuge in 3D geplant. Ein wichtiger Teilbereich ist das Optimieren und Generieren von Strukturen. Die Koordinierte 3D-Planung stellt derzeit noch den größten Teilbereich der Projekte dar. Hier werden reine Geometriemodelle unter den Planungsbeteiligten ausgetauscht und abgestimmt. Sowohl dem Parametrischen Arbeiten als auch der Koordinierten 3D-Planung liegt kein abgestimmter Prozess mit definierten Meilensteinen etc. zugrunde, sondern sie sind stark aufwands- und projektbezogen geregelt. Hierin liegt ein rudimentärer Unterschied zum BIM-Prozess.

Das langjährige Bearbeiten komplexer Bauaufgaben mittels computergestützter, parametrischer Werkzeuge war in der Bürostruktur von Bollinger+Grohmann an verschiedenen Standorten und unterschiedlichen Teams organisiert. Im Wiener Büro ist die Advanced Geometry Group mit einem Fokus auf Tragwerksgenerierung und Optimierung von komplexen Strukturen und der Entwicklung parametrischer Werkzeuge tätig. Am Frankfurter Standort stellte die performative Building Group bisher ein ähnliches Team mit dem Schwerpunkt des parametrischen Arbeitens dar. Hier ist durch die Nähe zur Fassadengruppe und der Bauphysik der Fokus auf komplexe Gebäudehüllen leicht verändert.

Mit dem Beginn der BIM-Implementierung als zentraler Planungsprozess wurde die bisherige parametrische Gruppe neu organisiert. Der Fokus des nun standortübergreifend agierenden Teams geht über die Bearbeitung komplexer Geometrien hinaus. In der Gruppe sammeln sich die Erfahrungen aus allen Bereichen des Digitalen Planens.

Eine der Kernkompetenzen der neuen Gruppe ist die Prozessmoderation. Als übergeordnetes Team werden zu Projektbeginn in Kooperation mit dem Planungsteam die internen und externen Projektanforderungen in einem entsprechenden Workflow definiert.

Ausgangspunkt eines jeden neuen projektbezogenen Workflows ist der von Bollinger+Grohmann entwickelte „Comprehensive Workflow“ mit der zugrunde liegenden Prozess-DNA.

Die zentrale Funktion des Comprehensive Workflow ist es, einen ganzheitlichen, transparenten, anpassungsfähigen und evaluierbaren internen Planungsprozess für das jeweilige Projekt zu initiieren. Die ingenieurmäßigen Disziplinen sind in den meisten Projekten nicht die prozessprägenden, sondern müssen sich meist den Arbeitsweisen und Prozessen des Architekten und/oder Projektsteuerers anpassen. Die Flexibilität des Comprehensive Workflow herzustellen, ist daher das Schlüsselelement der Prozess-DNA.

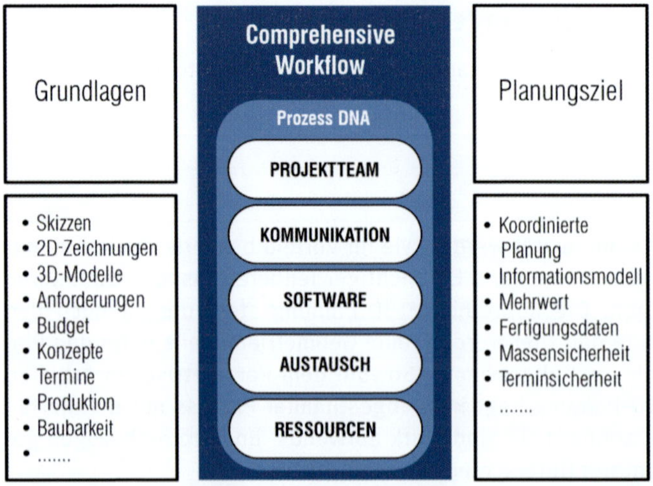

Abbildung 2: Comprehensive Workflow, Bollinger+Grohmann

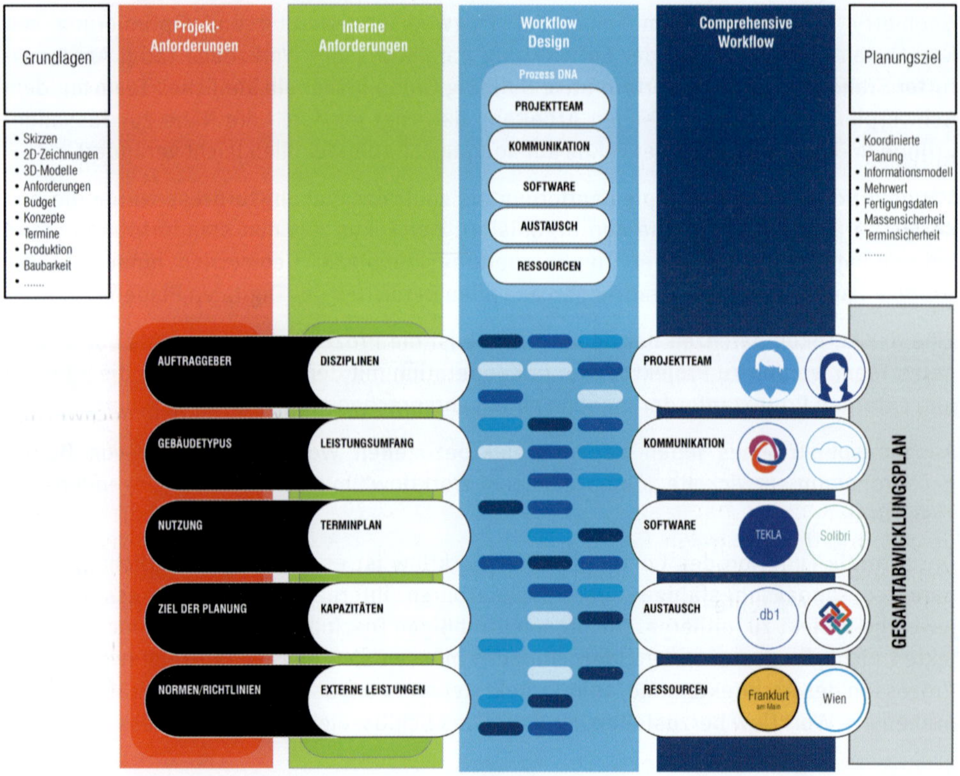

Abbildung 3: Kernthemen des Comprehensive Workflow als Bestandteil des Gesamtabwicklungsplans, Bollinger+Grohmann

Sie reagiert flexibel auf die jeweilige Projektaufgabe, um den perfekten Workflow projektbezogen abzubilden. Die Prozess-DNA vermittelt zwischen den Gesamtprojektgrundlagen und dem Gesamtplanungsziel und bildet die Grundlage für den perfekten, projektbezogenen Planungsprozess bei Bollinger+Grohmann.

In einem multidisziplinären Ingenieurbüro bildet die „Prozess-DNA" neben unterschiedlichen Leistungsphasen auch das Zusammenwirken mehrerer beauftragter Planungsdisziplinen ab. Im Workflow finden sich der exakte BIM-Umfang (big BIM, open BIM, LOG/LOI etc.), Schnittstellenproblematiken, Teamstruktur, Kommunikation und Ressourcen wieder. Im Idealfall fließen Teile des projektspezifischen Comprehensive Workflow auch in den Gesamtabwicklungsplan des Projektes ein.

Die Planungsprozesse einzelner Fachdisziplinen, die bei Bollinger+Grohmann bearbeitet werden, unterscheiden sich teilweise in großem Maße. Vergleicht man die Planungsleistungen im Bereich der Fassade mit den Leistungen im Bereich des Brandschutzes, wird dies besonders deutlich. In der Fassadenplanung werden teilweise Leistungen in höchster Detailtiefe generiert und damit die vertraglich vereinbarte Leistung erbracht, im Bereich Brandschutz genügen teilweise eine Konzeptbeschreibung und das Beschriften von Bauteilen mit Brandschutzqualitäten im 2D-Plan. Damit unterscheiden sich auch die BIM-relevanten Anforderungen an den Prozess.

Da die Prozess-DNA als interner Leitfaden zur Projektbearbeitung dient, ist die Struktur so ausgelegt, dass sie auf alle von Bollinger+Grohmann angebotenen Ingenieurleistungen angewandt werden kann.

Durch BIM wird in Zukunft der Fokus vermehrt auf dem Generieren und Verarbeiten von Daten liegen und weniger auf dem gezeichneten 2D-Plan. Die zentrale Funktion der „Prozess-DNA" ist daher das Lokalisieren und Definieren der Schnittstellen im Datenfluss.

d) Anwendungsfälle

Durch die breite Aufstellung von Bollinger+Grohmann in vielen ingenieurmäßigen Disziplinen eröffnet BIM eine Vielzahl von Einsatzmöglichkeiten. Besonders in der Tragwerksplanung kann das Arbeiten mit einem intern zentralen Tragwerksmodell hochwertige Synergien erzeugen. Das Berechnungsmodell wird im Geometriemodell erzeugt und in die Berechnungssoftware transferiert. Somit entfällt zum Beispiel die Notwendigkeit der Nachverfolgung von Änderungen im Berechnungsmodell. Ein weiterer Vorteil zeigt sich derzeit in der diametralen Richtung. Das Berechnungsmodell eines Stahlbau-Knotens kann zum Beispiel in der Berechnungssoftware entworfen und dann in das Geometriemodell inklusive Attribute überspielt werden.

Die Synergieeffekte eines gemeinsamen Modells zeigen sich auch in der Bauphysik. Hier können die Räume als Datensatz direkt in die Simulationssoftware übertragen werden.

In Zukunft könnte in einigen Fachdisziplinen bereits das Einpflegen von Informationen in das Objektplanermodell zur Leistungserbringung genügen. So könnte zum Beispiel das Anfügen von Bauteilqualitäten an die relevanten Bauteile eines Gebäudemodells die finale Leistung des Planers darstellen.

e) Mitarbeiter

Es werden durch die Digitalisierung im Bauen sicher neue Rollen entstehen. Was momentan bereits stattfindet, ist das neu Definieren von Aufgaben. In BIM-Projekten kommt den Leistungen der Konstrukteure eine wichtigere Rolle als bisher zu. Sie sind in die Kommunikation unter den Planungsbeteiligten bereits frühzeitig mit eingebunden. Je nach Projektgröße sind spezialisierte Konstrukteure primär mit dem Bearbeiten und Pflegen des Datenmodelles beschäftigt, während andere sich hauptsächlich um die klassische Plangenerierung kümmern. Bei Bollinger+Grohmann ist für die Zukunft standardmäßig vorgesehen, unterhalb der Projektleitungsebene einen Data-Manager zu implementieren. Dieser beschäftigt sich ausschließlich mit der Kontrolle und Verwaltung der internen und externen Datensätze. Auch die Einrichtung der neuen Gruppe ist den veränderten Anforderungen an den Workflow und der neuen Ausrichtung hin zu Datenmodellen geschuldet.

Die BIM-Implementierung wurde und wird mit einem ganzheitlichen Change-Management über alle Standorte und Disziplinen verfolgt. Durch eine individuelle Mitarbeiterbeurteilung wurde eine kleine Gruppe von Ingenieuren und Konstrukteuren definiert, mit denen die ersten Pilotprojekte gestartet wurden. Das in diesen Projekten erarbeitete Wissen wurde von den einzelnen Akteuren in neue Projektteams mitgenommen und so weiter in den Bürostrukturen verteilt.

Durch interne Vorträge, Präsentationen und Workshops wurde den Mitarbeitern, die bisher noch keine Erfahrungen mit BIM gemacht haben, der bisherige Stand der Implementierung im Büro präsentiert. Außerdem waren diese internen Maßnahmen dem Ziel geschuldet, die Bedeutung des Themas für alle Mitarbeiter näherzubringen und eine Aufbruchstimmung im Team zu entfachen.

2 Fokus Projektabwicklung

a) Mehrwerte

Die schnelllebige Gesellschaft fordert auch von Bau- und Planungsprozessen eine höhere Geschwindigkeit als noch vor 20 Jahren. Ein Grund, warum sich die Digitalisierung im Bauwesen etwas schwerer tut als zum Beispiel in der Autoindustrie, ist die Teilnahme einer Vielzahl von Akteuren mit differenzierten Sichtweisen am Lebenszyklusprozess eines Bauwerks. Das Planen eines Bauwerks bewegt sich meist im Spannungsfeld von Baukultur, Kosten und energetischer Effizienz. So stehen oftmals Anforderungen unterschiedlicher Planungsdisziplinen diametral zueinander und verlangen eine Kompromissfindung. Dieser iterative Prozess der Lösungsfindung kann sehr zeitintensiv sein.

Des Weiteren erhöht sich dadurch der Abstimmungsaufwand zwischen allen Planungsbeteiligten, was wiederum zu Planungsfehlern führen kann.

BIM-Projekte werden im Idealfall kontinuierlicher bearbeitet als in einem klassischen, nach Leistungsphasen unterteilten Projekt. Natürlich spielt hier, wie bisher auch, der beauftragte Leistungsumfang eine große Rolle.

Der Mehrwert für Planungsbüros liegt in dem Steigerungspotenzial der Gesamteffizienz eines Planungsprozesses verbunden mit seiner Qualitätsmaximierung.

b) Prozesse

In der Tragwerksplanung war bisher der Prozess stark an den Leistungsphasen der HOAI orientiert. Ein Ziel der BIM-Implementierung bei Bollinger+Grohmann ist das Stärken des digitalen Planens in allen Leistungsphasen. Bisher beinhaltete die Leistungsphase 2 das Erarbeiten eines Tragwerkskonzeptes. Dies wurde projektabhängig mit Skizzen und überschläglichen Vorbemessungen bedient. Die Leistungsphase 3 war durch das Verifizieren dieser ersten Lösungen und Berechnen der Haupttragelemente geprägt. Zeichnerisch wurden Positionspläne erarbeitet. Erst in der Leistungsphase 4 wurde das tatsächliche Tragwerk finalisiert.

Bei komplexeren Bauvorhaben wurde hingegen bereits in den frühen Leistungsphasen 2 und 3 mit 3D-Modellen gearbeitet. Frühzeitig fand bereits ein Workflow zwischen Modellierungssoftware und Berechnungssoftware statt, ebenso wurden 3D-Daten mit anderen Planern ausgetauscht.

Dieser aus der Parametrik adaptierte Workflow wird inzwischen konsequent für alle Projekte angewandt. Bisher richtet sich der Fokus der „Prozess-DNA“ auf die Tragwerksplanung und tangiert andere Disziplinen nur partiell. In Zukunft werden alle internen Prozesse über die „Prozess-DNA“ definiert. Hier sind Leitfäden und Vorgaben an den jeweiligen spezifischen Projektworkflow definiert. Kernthemen des Workflows sind die Teamzusammensetzung, Softwareeinsatz und als wichtigster Baustein die Kommunikation im Projekt. Das primäre Ziel der „Prozess-DNA“ ist das Harmonisieren der Schnittstellen, um eine möglichst verlustfreie Weitergabe zu gewährleisten.

c) Risiken und Verbesserung

Das Arbeiten mit ganzheitlichen digitalen Gebäudemodellen bietet viele Möglichkeiten, wie zum Beispiel die Ratifizierung der erarbeiteten Lösungen im virtuellen Raum, auch können Problemstellungen frühzeitig erkannt werden. Eine Vielzahl an Möglichkeiten eröffnet gleichermaßen eine Vielzahl an Risiken. Nahezu jeder Hersteller von Bauprodukten bietet den Planern seine Produkte als BIM-Modelle an. Oftmals sind diese Modelle in einem extrem hohen Detaillierungsgrad ausgearbeitet. Dadurch besteht die Gefahr, das Modell mit Daten und Geometrie zu überfrachten, die in der entsprechenden Tiefe nicht notwendig sind. Ein ähnliches Problem stellt in der Tragwerksplanung das Thema der 3D-Bewehrung dar. Insbesondere bei geometrisch einfachen Bauteilen muss der Sinn einer 3D-Bewehrung hinterfragt werden. Der Einbau der Bewehrung ist zu großen Teilen immer noch eine handwerkliche Arbeit auf der Baustelle und die Massensicherheit bei Bewehrung ist auch auf eine konventionellere Weise herstellbar. Genauso wenig ist davon auszugehen, dass bei einfachen Flächenbewehrungen die jeweiligen Eisen exakt an der geplanten Stelle eingebaut werden. Sinnvoll ist 3D-Bewehrung hingegen bei geometrisch komplexeren Bauteilen, hier findet sie auch bereits regen Einsatz.

Ein weiterer positiver Aspekt der BIM-Prozesse ist die derzeit im Aufbau befindliche standortübergreifende Bauteildatenbank. Damit trägt BIM aktiv zur Wissensgenerierung im Büroverbund von Bollinger+Grohmann bei.

d) Projektpartner und Auftraggeber

Als Tragwerksplaner bzw. Fachingenieur hat Bollinger+Grohmann grundsätzlich nur einen begrenzten Einfluss auf den gesamten Projektprozess. Aus dieser Rolle heraus gestaltet es sich teilweise kompliziert, den Auftraggeber von einem BIM-Prozess zu überzeugen, auch erweisen sich manche Projektkonstellationen als zu schwierig, um den Projektpartner und Auftraggeber von einer BIM-Planung zu überzeugen. Zum Beispiel gibt es Geschäftsmodelle, bei denen Projekte bis zur Genehmigung entwickelt und mit der Erteilung der Baugenehmigung weiterverkauft werden. Steht also zu Beginn der Planung der spätere Eigentümer bzw. Nutzer noch nicht fest, erschwert dies die Einführung eines BIM-Prozesses. Es wird vermutlich noch einige Zeit dauern, bis sich die wirtschaftlichen Vorteile eines BIM-Prozesses auch auf frühe Planungsphasen flächendeckend in der Branche etabliert haben.

Angesichts der notwendigen Auseinandersetzung mit BIM ist mittlerweile aber eine Bereitschaft bei Planungsbüros zu erkennen, einen schlanken, Planer-internen BIM-Prozess bei Projekten zu initiieren. Hier geht es dann primär um Kollisionskontrolle, Kommunikation im Projekt und ein koordiniertes Modell als Grundlage zur Ausschreibung. An den deutschen Standorten von Bollinger+Grohmann stellen die Planer-internen BIM-Prozesse momentan die größte Zahl an BIM-Projekten da. Aufgrund der Nachfragen des Marktes ist jedoch abzusehen, dass dies ausschließlich eine Momentaufnahme ist und dies sich in naher Zukunft hin zu vom Auftraggeber bestellten BIM-Prozessen ändern wird.

3 Fokus Projekt

a) BIM-Projekt

Beispielprojekt Deutschland:

Europazentrale der MHK Group in Dreieich-Sprendlingen

Zeitraum: 2014–2017

Architekt: AS+P, Frankfurt am Main

Derzeit entsteht in Dreieich-Sprendlingen die Europazentrale der MHK Group. Das sechsgeschossige Bürogebäude wurde von den Frankfurter Architekten und Stadtplanern AS+P, Albert Speer+Partner entworfen. Das gestaltprägende Element des 112 m langen Riegels ist eine 31 m lange Auskragung des 2. bis 5. Geschosses. Aus tragwerksplanerischer Sicht stellte diese Auskragung eine besondere Herausforderung dar.

Der nicht auskragende Teil wurde in konventioneller Stahlbetonbauweise ausgeführt. Die Auskragung wurde über zwei Stahlfachwerkträger realisiert. Von Auftraggeberseite war ein reduzierter BIM-Prozess abgefragt. Primär wurde eine kontinuierliche 3D-Planung für alle Planer und ausführende Firmen vereinbart. Das Austauschformat wurde auf das .ifc-Format festgeschrieben.

Die Architekten von AS+P planten das Gebäude in Autodesk Revit. Bollinger+Grohmann wendet standardmäßig Allplan und Revit für die Massivbauprojekte an.

Stahlbauprojekte werden hingegen in Tekla bearbeitet. Der Neubau der MHK Group bot die ideale Grundlage, die Leistungsfähigkeit von Tekla im Massivbau näher zu betrachten. So entschied man sich, das gesamte Tragwerksmodell in Tekla zu erstellen.

Abbildung 4: Visualisierung – AS+P, Albert Speer+Partner

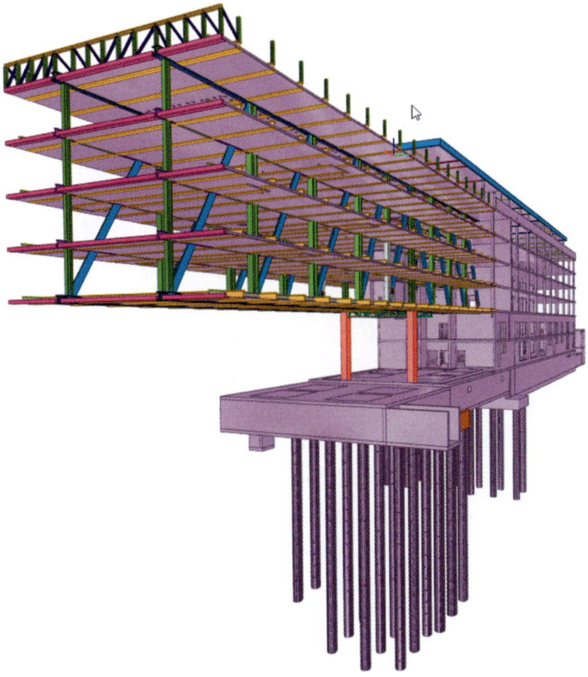

Abbildung 5: Tragwerksmodell als .ifc – Bollinger+Grohmann

Abbildung 6: Rohbau im Dezember 2016 – Bollinger+Grohmann

Der Planungsprozess zwischen AS+P und Bollinger+Grohmann sah ein reges Austauschen der jeweiligen 3D-Modelle mittels ifc-Datei vor. Da das Projekt für beide Büros eine Art Pilotprojekt darstellte, wurden verschiedene Prozessbausteine auf Praktikabilität getestet. Auf Seiten der Tragwerksplaner war ein zentrales Thema der Datenaustausch zwischen Revit und Tekla über die ifc-Schnittstelle. Um Änderungen im Architekturmodell zu lokalisieren, wurden Überlagerungen mittels des Solibri Model-Checker vorgenommen. Die Überlagerung wurde neben der automatisierten Überprüfung auch rein visuell als 4-Augen-Prinzip vorgenommen. Der Austausch der Fachmodelle mittels ifc hat stark zum Gelingen des Projektes in einem stark verkürzten Planungszeitraum beigetragen. Ebenso lieferte er eine perfekte Grundlage für die Projektbearbeitung der ausführenden Firmen.

Erfahrungen

Der Planungsprozess des MHK Neubau stellte einige Herausforderungen an die Schnittstellen zwischen verschiedenen Programmen dar. Sowohl bei internen Schnittstellen als auch beim Datenaustausch mit anderen Planungspartnern war dieses Projekt der erste Härtetest für die Konstruktionssoftware Tekla bei Bollinger+Grohmann.

Grundsätzlich werden bei Bollinger+Grohmann mehrere Konstruktionsprogramme eingesetzt. Je nach Projektkonstellation und Konstruktionsart des Bauwerks wird die Softwareumgebung gewählt.

Die Erfahrungen aus dem Projekt, angesichts der komplexen Stahlstruktur, zeigen, dass sich eine breite Softwareinfrastruktur für ein Ingenieurbüro wie Bollinger+Grohmann als richtig erwiesen hat.

Beispielprojekt Norwegen:

Deichmanske Bibliotek in Oslo, Norwegen

Zeitraum: 2012–2018

Architekt: Lund Hagem Architects mit Atelier Oslo, Oslo

Seit 2014 wird in Oslo der Neubau für die Deichmanske Bibliotek Oslo gebaut, direkt gegenüber der Osloer Oper. Der Entwurf der Architekten Lund Hagem und Atelier Oslo aus Oslo zeichnet sich durch eine gefaltete Dachstruktur in Beton aus. Des Weiteren iteriert die Fassade zwischen transparenten und transluzenten Bereichen. Die Bibliothek wird im Passivhausstandard errichtet. Konstruktiv stellt sowohl das Tragwerk als auch die Fassade eine große Herausforderung dar.

BIM war – wie bei öffentlichen Projekten in Norwegen mittlerweile üblich – zentraler Bestandteil des gesamten Projektes und das BIM-Pflichtenheft Teil der Ausschreibung der Planungsleistungen. Das BIM-Management wurde vom Projektsteuerer zusammen mit dem Generalplaner Technik Multiconsult vorgenommen. Diese waren für die Einhaltung und Qualität der Datadrops verantwortlich und ebenso federführend in der Kollisionsanalyse. Alle Planungsbeteiligten planten konsequent in 3D. Die zu verwendende Software war nicht vorgeschrieben, so arbeiteten alle Planer entweder in Autodesk Revit und Tekla. Das Prüfen der einzelnen Modelle und des vereinten Modelles wurde mit Solibri vorgenommen.

Abbildung 7: Visualisierung – Lund Hagem/Atelier

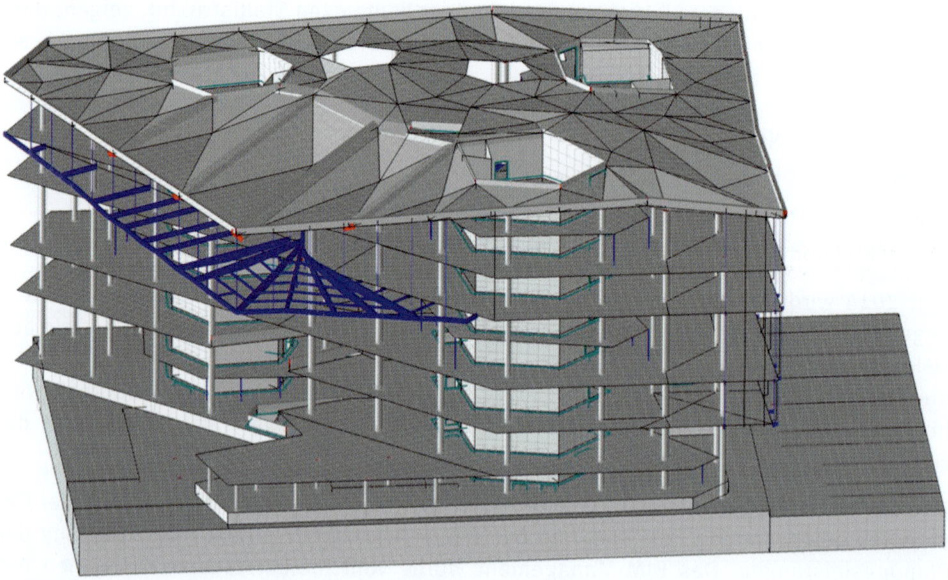

Abbildung 8: Berechnungsmodell – Bollinger+Grohmann

BIM-basierter Planungsprozess:

In der Vorentwurfsphase arbeiteten sowohl der Architekt als auch die Fachplaner noch auf Basis von Skizzen, klassischen 2D-Plänen oder eigenständigen, nicht BIM-kompatiblen 3D-Modellen. Bollinger+Grohmann entwickelte das Tragwerk in den frühen Phasen dabei als parametrisches Modell mit Rhino und Grasshopper. Mit dem Abschluss der frühen Entwurfsphase wurde das Modell zur weiteren Ausarbeitung zu Revit überspielt. In Revit wurde neben dem Geometriemodell auch das Berechnungsmodell erarbeitet und in die entsprechende Berechnungssoftware überspielt. Eventuelle Anpassungen aus der Berechnung konnten direkt im Geometriemodell abgebildet und angepasst werden.

Basierend auf dem ersten BIM-Architektenmodell wurde die Tragstruktur in einem eigenen BIM-Tragwerksmodell erstellt. Dieses Modell enthielt neben der Geometrie und Dimensionen auch weiterführende Informationen wie Materialeigenschaften, Bewehrungsgehalte, Schalungsflächen etc.

Im Rahmen von interdisziplinären Workshops wurden die Modelle aller Planer dann in einem vorher vereinbarten Rhythmus auf Kollision überprüft. Federführend war hierbei der BIM-Koordinator. Die festgestellten Kollisionen wurden in Form eines in Solibri automatisch generierten Protokolls festgehalten, mit einer klaren Zuweisung der Verantwortlichkeit. Die Kollision wurde in den Projektbesprechungen festgestellt, jedoch nicht gelöst. Dies erfolgte traditionell während des normalen Planungsprozess. Jeder einzelne Fachplaner passte danach sein BIM-Modell wieder an, welches dann als Grundlage für die nächste Kollisionskontrolle diente. Jeder Planer arbeitete in seinem eigenen Modell, ein „Mastermodell“ wurde nicht erstellt.

Dieses Vorgehen wurde konsequent während der gesamten Planungsphase weiter verfolgt, von der Entwurfsplanung bis hin zu den Ausführungsplänen. Während der Erstellung der Schal- und Bewehrungspläne wurden keine weiteren Protokolle der Kollisionskontrolle erstellt. Die in dieser Phase lokalisierten Problemstellungen wurden mittels BCF kommuniziert. Durchbrüche der Haustechniker wurden hier aus Sicht der Tragwerksplanung auch über das Zuweisen von Eigenschaften im Modell freigegeben, so dass man den „Freigabe-Status" eines Durchbruchs jederzeit einsehen konnte.

Das BIM-Modell diente als Grundlage für Schal- und Bewehrungspläne, die weiterhin – hauptsächlich für die Baustelle – erstellt wurden.

Neben dem interdisziplinären Planungsprozess wurden anhand des BIM-Modells auch frühzeitig massengestützte Kostenschätzungen durchgeführt. Diese konnten parallel zum Planungsprozess immer wieder abgeglichen werden, weil das BIM-Modell neben den geometrischen Informationen auch die Eigenschaften von Bauteilen enthielt.

Das Dachtragwerk der gefalteten Decke

Prägendes Merkmal des Rohbaus ist das Dachtragwerk, eine Stahlbetonfaltwerkkonstruktion, die vor allem statisch den großen auskragenden Bereich über dem Haupteingang ermöglicht.

Besonders das Dachtragwerk erfuhr in der Planungsphase einige Iterationen. Nachdem anfangs ein Stahltragwerk favorisiert wurde, änderte sich dies im Laufe des Planungsprozesses hin zu einer massiven Ausführung.

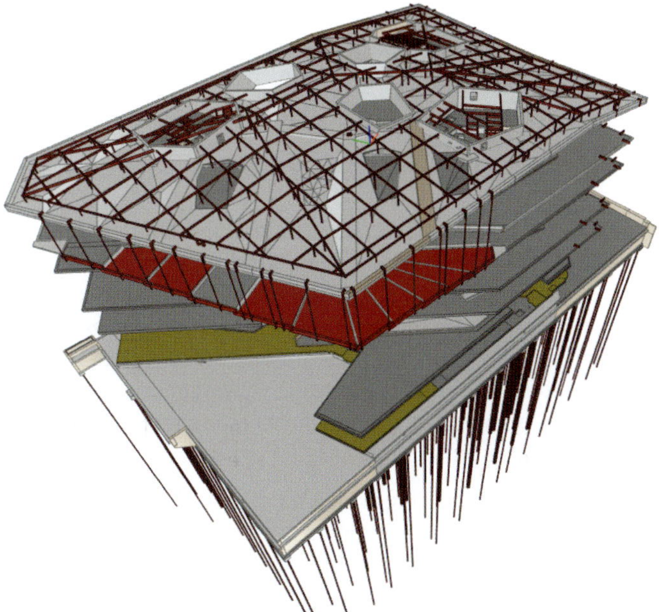

Abbildung 9: Variantenentwicklung für die Dachkonstruktion: Stahldach – © Multiconsult/Bollinger + Grohmann Ingenieure

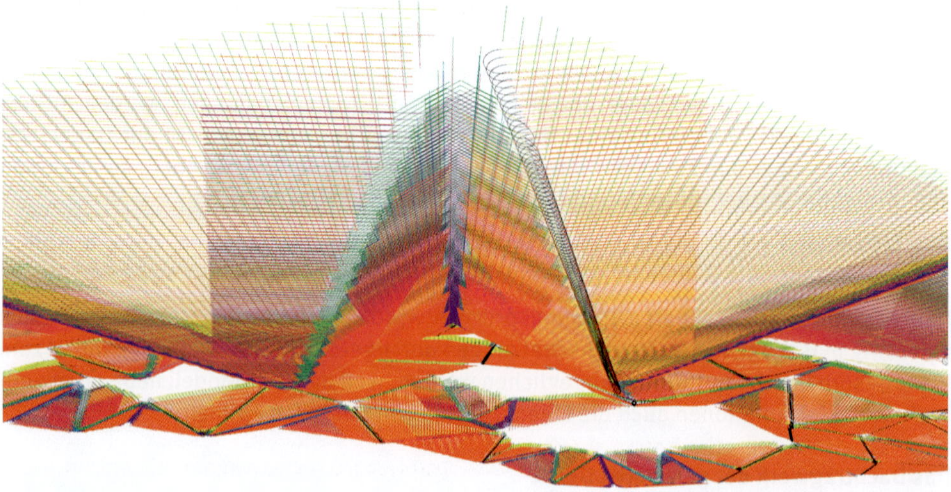

Abbildung 10: 3D-Bewehrungsstudie der Dachstruktur – Bollinger+Grohmann

Das gefaltete Betondach zeigt einen sinnvollen Einsatz 3D-geplanter Bewehrungsführung. Aufgrund der komplexen und unregelmäßigen Geometrie ergibt sich eine Vielzahl von unterschiedlichen Bewehrungsstäben. Die Bewehrungsplanung musste konsequent dreidimensional erfolgen, um die Baubarkeit sicherzustellen. Jeder einzelne Bewehrungsstab musste modelliert werden. Vorteil hierbei war vor allem, dass die Daten zu den Bewehrungsstäben digital – über den Austausch über ein ifc-Modell – direkt an den Biegebetrieb übergeben werden konnten. Klassische Biegelisten wurden nur noch zur Dokumentation und als Abrechnungsgrundlage benötigt. Für die Baustelle wurden zudem noch klassische Bewehrungspläne erstellt, ergänzt mit Illustrationen aus dem 3D-Modell.

Erfahrungen

Für Bollinger+Grohmann war diese konsequente BIM-basierte Planung eine neue Erfahrung. Der größte Mehrwert liegt insbesondere darin, in einem strukturierten, koordinierten Planungsprozess arbeiten zu können. Nicht nur die Qualität des „Endproduktes" der Planung, wie z. B. der fertige Schalplan, steht im Vordergrund, die Qualität des gesamten Planungsprozesses kann über Meilensteine mit definierten Qualitätsstufen besser gesteuert werden. Die regelmäßigen interdisziplinären Kontrollen zwingen alle Planungsbeteiligten, „im Takt" miteinander zu planen. Unterschiedliche Planungstiefen werden frühzeitig aufgedeckt.

Grundvoraussetzung ist, dass jeder Planungsbeteiligte sich an diesem Prozess beteiligt. Sobald ein Fachplaner weiterhin der traditionellen Vorgehensweise von 2D-Plänen folgt, können seine Planungsinhalte nicht in den Prozess implementiert werden. Eine Begrenzung auf einzelne Planer ist nicht möglich.

Für die Bauherren hat dieser Prozess ebenfalls Vorteile. Er erhält über die interdisziplinären Kontrollen kontinuierlich einen Überblick über den Stand der Planung. Die kontinuierlichen Kostenschätzungen ermöglichen ihm auch den Abgleich mit seinem Budget.

Dieser Prozess stellt aber auch Herausforderungen an uns als Ingenieure. 3D-Modelle sind nicht mehr nur ein „Endprodukt“ des Planungsprozesses, sondern vielmehr das Kommunikationsmedium zwischen allen Planern im Planungsprozess. Dies erfordert von uns Ingenieuren, dass wir intensiv mit 3D-Modellen arbeiten und auch die entsprechende Kompetenz und Erfahrung dafür aufbauen bzw. mitbringen. Ein 3D-Modell ist auf den ersten Blick nicht so transparent wie 2D-Pläne und bedarf daher ständig einer genauen Analyse. Auch die Arbeitsteilung in einem Ingenieurbüro muss neu definiert werden. Der Ingenieur muss viel detaillierter mit dem Geometrie-Modell arbeiten, da nur hier alle Informationen enthalten sind. Somit verschmilzt auch die klassische Aufgabenverteilung zwischen Ingenieur und Konstrukteur.

Ausblick

Auch wenn die BIM-Methode bereits seit ca. 10 Jahren in Norwegen etabliert ist, so steht sie doch erst am Anfang ihrer Möglichkeiten. Im Moment liegt der Schwerpunkt auf der Koordination des Planungsprozesses zur Sicherstellung der Planungsqualität. In Norwegen hat sich die Bezeichnung „Sam-Bim“ (Samarbeid BIM = Zusammenarbeit BIM) dazu durchgesetzt. Parallel wird in Norwegen die BIM-Methode aber auch mit anderen Zielsetzungen weiterentwickelt. BIM-Modelle werden nicht mehr als reines Planungsprodukt verstanden. Stattdessen werden aus dem Modell Energieberechnungen (CO_2-Berechnungen) direkt abgeleitet oder auch bauherrenspezifische Funktionsabläufe, wie z. B. die Effektivität von Grundrissgestaltungen zwischen Operationssälen und Patientenzimmern in einem Krankenhaus, automatisch analysiert. Am Beispiel der „digitalen Biegeliste“ sei auch das Potenzial für die Schnittstelle zur digitalen Fertigung aufgezeigt.

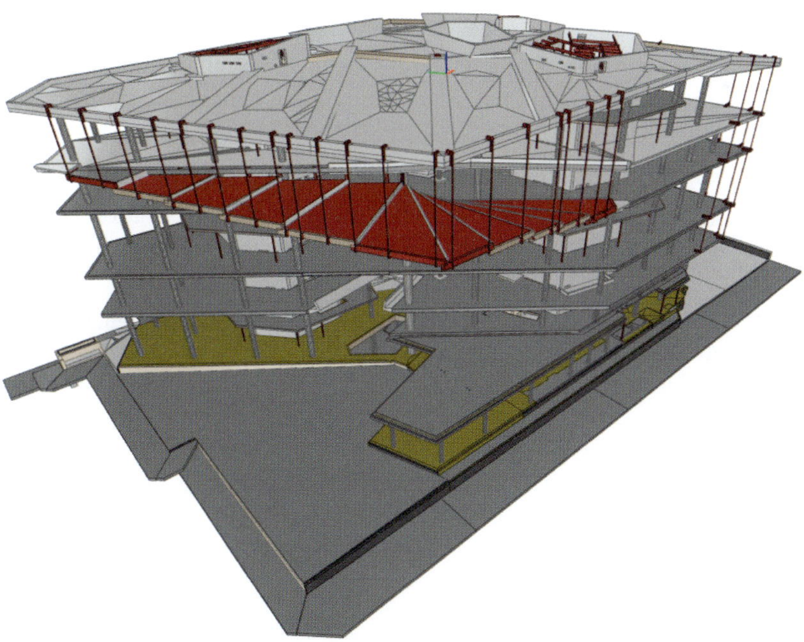

Abbildung 11: Tragwerksmodell als .ifc – © Multiconsult/Bollinger + Grohmann Ingenieure

Im Bereich der Architektur ersetzen jetzt schon bei öffentlichen Wettbewerben in Norwegen BIM-Modelle die physischen Architekturmodelle. Bei der Deichmanske Bibliotek haben die Architekten auf Grundlage des BIM-Modells ein virtuelles Modell erzeugt und dem Nutzer so einen realitätsnahen virtuellen Rundgang durch die Bibliothek schon in der frühen Planungsphase ermöglicht.

Die Deichmanske Bibliotek lässt sich somit als ein neues Meilensteinprojekt von Bollinger+Grohmann im Bereich der Digitalen Planung und BIM bezeichnen.

b) Erfahrungen

Durch den etablierten BIM-Prozess bei der Deichmanske Bibliotek, den alle Beteiligten mit einem hohem Maß an Routine bestritten hatten, konnte besonders im Bereich der Prozesse ein großes Maß an Wissen generiert werden. Dieses in Oslo erworbene Wissen hat sich als zentraler Baustein der BIM-Kultur bei Bollinger+Grohmann erwiesen. Damit wurde der Grundstein gelegt, insbesondere an den deutschen Standorten aktiv an der Gestaltung von projektbezogenen BIM-Prozessen mitzuwirken.

4 Ausblick

a) Heute und morgen

BIM-Prozesse berühren nahezu alle Bereiche eines Planungsbüros. Hier bot BIM zu Beginn der Implementierung im Büro eine große Chance, die Arbeitsweisen mit einem ganzheitlichen Ansatz aufeinander abzustimmen. Die unterschiedlichen Disziplinen des Büros sind so stärker verzahnt worden.

Durch das weitere Digitalisieren der Planung werden neue Fertigkeiten im Projektteam notwendig. Je nach Projektkonstellation und Planungsaufgabe kann das Data-Modeling die zentrale Aufgabe werden.

Die internen Projektabläufe und Schnittstellen sind in Anlehnung an BIM-Prozesse angepasst worden. Damit fand eine standortübergreifende Effizienzsteigerung in der Projektbearbeitung statt. Ebenso wurden die teilweise unterschiedlichen Projektprozesse einzelner Disziplinen besser aufeinander abgestimmt.

Dieser ganzheitliche Workflow mittels der „Prozess-DNA“ stärkt weiter den multidisziplinären Charakter von Bollinger+Grohmann.

Kurzvorstellung

Autoren

Dipl.-Ing. Martin Elze

Martin Elze ist Associate in der Tragwerksplanung mit Schwerpunkten im Massiv-, Spannbeton- und Stahlbau sowie im nachhaltigen Umgang mit Altbaukonstruktionen. Er besitzt umfassende Erfahrungen in der Planung und Ausführung großmaßstäblicher Projekte im In- und Ausland.

Martin Elze hat als interdisziplinärer Projektleiter ein besonderes Interesse an integriertem Design. Zudem ist er Experte und Koordinator für Building Information Modeling (BIM) in der Berliner Niederlassung von BuroHappold Engineering. Als solcher ist er für den BIM-Wissenstransfer und für die Gestaltung von BIM-Arbeitsabläufen zuständig – sowohl intern als auch in der Zusammenarbeit mit Kooperationspartnern.

Moritz Lembke-Özer

Moritz Lembke-Özer hat Germanistik, Geschichte und Kommunikationswissenschaften an der Freien Universität in Berlin und an der UCL in London studiert. Nach seinem Magister hat er bei David Chipperfield Architects, wo er für die Öffentlichkeitsarbeit zuständig war, seinen Weg in die Baubranche gefunden.

Seit 2013 kümmert sich Moritz Lembke-Özer um das Marketing in der Berliner Niederlassung von BuroHappold und hat berufsbegleitend einen Master in Marketing & Communications an der Hochschule für Oekonomie und Management (FOM) absolviert.

In seiner Arbeit ist Moritz besonders daran interessiert, das Marketingpotenzial von BIM mit spannenden und anschaulichen Geschichten und Projektberichten zu entfalten.

Unternehmen

BuroHappold Engineering

Leistungen/Produkte

Multidisziplinäres Ingenieurbüro: Tragwerksplanung, Haustechnik, Specialist Services, Cities Consulting

Art der Leistungen/Produkte

Dienstleistung

Mitarbeiterzahl

Weltweit 1 800, in Berlin 75

URL zum Unternehmen

www.burohappold.com

1 Fokus Unternehmen

a) Auslöser

2012 wurde das Arbeiten mit BIM in Großbritannien für alle öffentlichen Bauvorhaben verbindlich. Die Ankündigung dafür erfolgte schon Jahre zuvor und so hatte BuroHappold Engineering, als Unternehmen mit Stammsitz in England, bereits 2006 begonnen, Lizenzen zu kaufen, um sich mit der neuen Art des Planens vertraut zu machen. 2008 wurde im Berliner Büro in der Tragwerksplanung erstmals Gebrauch von den globalen Lizenzen gemacht, zunächst zur reinen Übung und um erste 3D-Modelle für Wettbewerbe zu entwickeln. Damals war uns noch nicht vollständig bewusst, dass es sich um einen völlig neuen Prozess des Planens handelte. Stattdessen nahmen wir vor allem wahr, dass wir nicht mehr in 2D, sondern in 3D beinahe wie mit digitalen Legobausteinen planten. Als die ersten Kollegen in Deutschland begannen, BIM-Modelle zu bauen, wurde auch dem restlichen Team schnell klar, dass uns die Visualisierungen helfen konnten, sowohl mögliche Probleme leichter zu erfassen als auch in Wettbewerben und Bewerbungen visuell ansprechende 3D-Modelle zeigen zu können. Auch wenn der Druck, mit BIM zu arbeiten, in Deutschland damals noch nicht hoch war, wurde das langfristige Ziel dennoch schnell gesteckt: Möglichst alle Projekte sollten mithilfe von BIM-Methoden und -Anwendungen abgewickelt werden.

Das erste Berliner BIM-Modell für ein realisiertes Projekt der Tragwerksplanung wurde 2009 für die Visastelle der deutschen Botschaft in Riad erstellt, mit ca. 500 Quadratmetern ein sehr kleines Projekt. Die geringe Größe gab uns die Sicherheit, notfalls schnell auf das vertraute AutoCAD ausweichen zu können. In der Tragwerksplanung folgten immer komplexere Projekte, die über die Schal-, Stahlbau- bis hin zur Rohbauplanung reichten und uns in dem Entschluss bestärkten, weiterhin auf die BIM-Methode zu setzen. Nach zirka vier Jahren „Insel-BIM“, also der monodisziplinären Planung ohne weitere Projektbeteiligte, begannen 2012 die Haustechniker unseres Berliner Büros, mit BIM zu arbeiten – Jahre nachdem unsere britischen und amerikanischen Kollegen der Haustechnik bereits erfolgreich Projekte mit BIM realisierten. In Deutschland fehlten bis dahin auf den lokalen Markt abgestimmte BIM-Bauteile und -Systeme.

Heute werden sämtliche Projekte von BuroHappold in Deutschland sowohl von den Tragwerksplanern als auch den Haustechnikern mit der BIM-Methode bearbeitet. Unsere multi- und interdisziplinäre Ausrichtung erlaubt es mittlerweile auch, weitere hausinterne Projektbeteiligte einzuschließen, wie zum Beispiel die Gebäudephysik und Energieplanung, Fassadenplanung, Liftdesign, Brandschutz usw.

b) Einfluss auf Geschäftsmodell

BuroHappold ist ein internationales Ingenieurbüro mit derzeit 1800 Mitarbeitern an 23 Standorten weltweit. Neben der Tragwerksplanung und Haustechnik bieten wir sogenannte Specialist Services an, die nahezu sämtliche Ingenieursaspekte bis hin zur Nachhaltigkeitsplanung von Gebäuden umfassen. Die Bandbreite an Projekten fängt bei kleineren Hochbauten an, erstreckt sich bis hin zu Großprojekten und erreicht mit unserem Consulting-Team „CITIES“ ganze Quartiere und Städte. Einer der Schwerpunkte von BuroHappold ist es also, integrierte Gesamtplanungen aus einer Hand anbieten zu können.

Ein großer Vorteil für unser Geschäftsmodell ist die Vernetzung unserer Disziplinen. Als multidisziplinär arbeitendes Ingenieurbüro profitieren wir davon, Daten und Ergebnisse verlustfrei zwischen Disziplinen und Standorten austauschen zu können. Daher liegt einer der größten Vorteile von BIM für uns in der sogenannten „Single Source of Truth". Durch die Vereinigung von Geometrie und Daten wird sichergestellt, dass jedes Bauteil neben der reinen dreidimensionalen Gestalt auch alle notwendigen Informationen aufweist und diese für jeden Planungsbeteiligten einsehbar sind. Dadurch werden die interne Koordination und der Datenaustausch zwischen Gewerken erheblich erleichtert, Übertragungsfehler sind minimiert und die Aktualität der vorliegenden Daten ist immer gewährleistet. Beispielsweise kann der Ingenieur, der die Auslegung der Kühltechnik plant, auf die im Modell hinterlegten Ergebnisse der Energiesimulation und der Fassadenplanung zugreifen, während diese wiederum die solaren Gewinne vom Bauphysiker pro Raum einsehen können. So können intern bearbeitete Gewerke bereits frühzeitig abgestimmt werden, um den sinnvollsten Entwurfsansatz zu finden. Davon profitieren letztlich dann natürlich auch unsere Bauherrn und die Architekten.

Der in Hinblick auf Kundenbindung, aber auch für die Erschließung neuer Zielgruppen wohl wichtigste Vorteil ist die Visualisierung. Wir haben des Öfteren erlebt, dass Projektbeteiligte, die bisher noch nicht mit BIM gearbeitet hatten, beeindruckt waren, wenn wir mithilfe dreidimensionaler Darstellungen Planungsprobleme identifizieren konnten, die bei einer 2D-Planung nicht aufgefallen wären. Darüber hinaus kann durch die Verknüpfung der zeitlichen Dimension mit den Bauteilen ein Bauablauf visualisiert werden, sowohl für Teilabschnitte als auch für gesamte Bauabläufe. So konnten wir unseren Bauherrn komplexe Bauabläufe durch recht einfache Visualisierungen aus dem Geometriemodell anschaulich erklären. Dies ist vor allem sehr hilfreich, wenn Kunden Schwierigkeiten haben, umfassende technische Informationen zu interpretieren.

Da bisher bei nahezu allen Projekten BIM als Methode nicht gefordert war, konnten wir bislang meist keine gesonderten Honorare erwarten. Vielmehr sahen wir die durch die Aneignung von BIM zusätzlich entstandenen Kosten als Investition, um für das BIM-Zeitalter gerüstet zu sein. Erst in letzter Zeit versuchen wir verstärkt, Projekte, die BIM als Planungsmethode fordern, zu akquirieren. In diesen Projekten können wir gesonderte Honorare für das BIM-Management, die multidisziplinäre Koordination, Zuarbeit zu Mengen- und Kostenermittlung sowie für den Ablaufplan erwarten. Momentan profitieren wir aber bei der überwiegenden Zahl unserer Projekte noch davon, mit der BIM-Methode effizienter arbeiten, also Planungen innerhalb kürzerer Zeit abschließen und unsere Ressourcen besser einteilen zu können. Bei der multidisziplinären Arbeit sparen wir so etwa 10 bis 15 Prozent der Planungskosten in der Entwurfsphase ein.

Mittlerweile haben wir in Deutschland beinahe zehn Jahre BIM-Erfahrung gesammelt. Unsere BIM-Planung erfolgt hochkoordiniert mit Bauherrn, Architekten und den verschiedensten Gewerken. Die Bandbreite unserer BIM-Projekte erstreckt sich über alle Maßstäbe bis hin zu Großprojekten. Und schließlich haben wir intern alle unsere Dienstleistungen über alle Gewerke hinweg in die BIM-Planung eingeschlossen, kombiniert und optimiert. Durch die Verknüpfung dieser Faktoren können wir uns als multidisziplinär ausgerichtetes Büro von unseren Wettbewerbern absetzen.

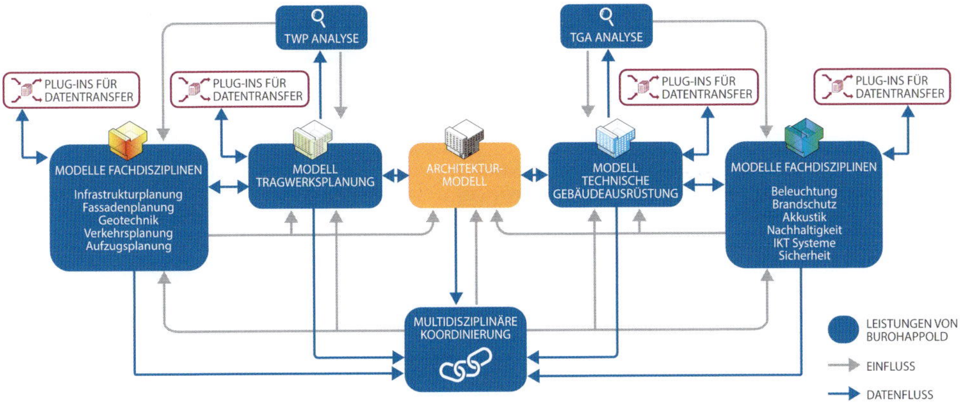

Abbildung 1

Natürlich existieren aber auch mit BIM verbundene Risiken. Auch nach zehn Jahren ist jedes neue BIM-Projekt immer auch ein Stück Neuland und ein Lernprozess. Insbesondere in der Anfangsphase ist ein besonderer Koordinationsaufwand mit Kollaborationspartnern erforderlich. Da der Wissensstand der Partner sehr unterschiedlich sein kann, handelt es sich um einen nicht immer ganz leicht zu kalkulierenden Prozess. Im schlechtesten Fall ist dieser überdurchschnittlich zeit- und kostenintensiv, was sich bei zukünftiger Zusammenarbeit jedoch auch schnell wieder auszahlen kann. Zugleich ist der Prozess notwendig, immer lehrreich und führt so gut wie immer im Laufe des Projekts zu einer vielfach gesteigerten Effizienz gegenüber der Planung im CAD-Zeitalter.

c) Einrichten von Rahmenbedingungen

In den Anfangsjahren nach 2006, als jede Niederlassung von BuroHappold lokal versuchte, sich auf eigenen Wegen mit der BIM-Methode vertraut zu machen, wurden Informationen über diverse Kanäle unkoordiniert weitergeleitet. Zumeist handelte es sich um Hilfestellungen bei vereinzelten Problemen, die über interne Kommunikationsnetzwerke oder einfach per Telefon ausgetauscht wurden. Bei größeren Projekten konnten Mitarbeiter zeitweise die Standorte wechseln und lokale Teams nicht nur unterstützen, sondern zugleich auch schulen.

Mit der gewonnenen Erfahrung wurden in den Büros unabhängig Elemente, Tools und Methoden entwickelt, die das Arbeiten mit BIM effizienter machen. Der Austausch dieser Entwicklungen über Märkte, Länder und Kontinente hinweg stellte BuroHappold vor eine gewaltige Aufgabe. Aus diesem Grund stellten wir 2014 mit Alain Waha einen globalen BIM-Koordinator ein, der seine Erfahrungen aus der Automobil-Branche in unsere Bauindustrie übertragen sollte. Als ersten Schritt rief er Anfang 2015 einen BuroHappold BIM Summit in New York aus, bei dem unseren führenden BIM-Ingenieure und -Konstrukteure aus allen Büros eingeladen wurden, um ihre Erfahrungen auszutauschen. Gleichzeitig wurden Strategien für die Folgejahre festgelegt.

Heute ernten wir bereits die ersten Früchte. Eine flache und klare Hierarchie mit regionalen „BIM-Leaders“ für jede Region und „Discipline-Leaders“ in jedem Büro ermöglicht den kanalisierten Austausch mit anderen Kollegen und stellt Verantwortlichkeiten für die

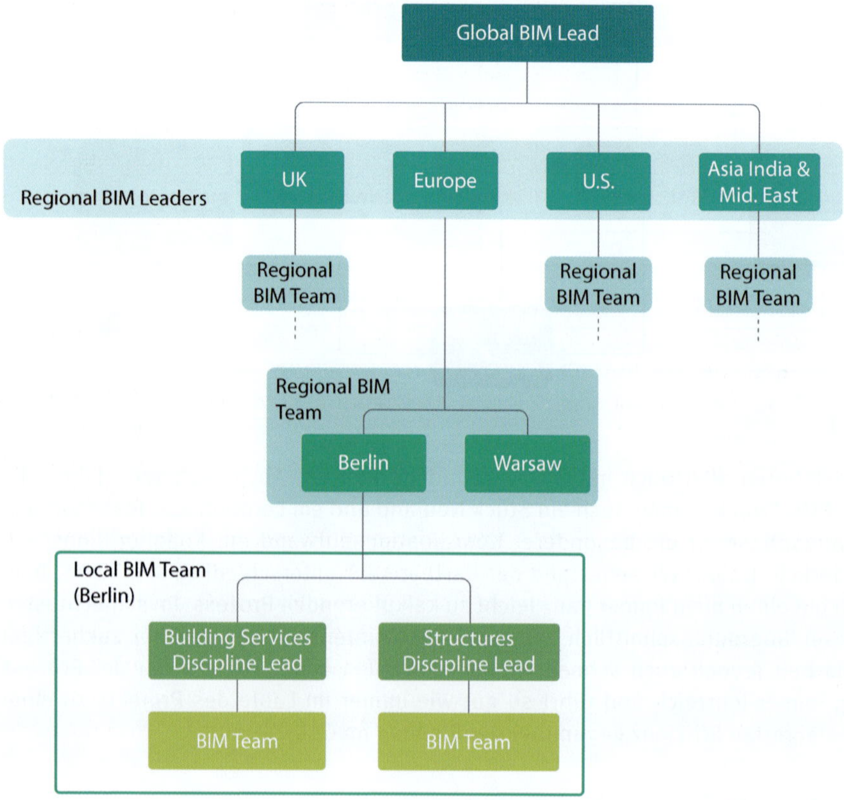

Abbildung 2

regelmäßigen Aktivitäten klar. Alle vier Wochen finden globale BIM-Meetings zwischen den Leadern statt; sogenannte BIMinare, die alle Mitarbeiter erreichen, sind in ähnlichen Zeitabständen organisiert. Zusätzlich wurden in unserem unternehmensinternen sozialen Netzwerk Yammer Expert Communities, Computational Groups und weitere Strukturen geschaffen, um den Austausch schnell, einfach und für alle problemlos zugänglich zu gestalten. Hausinterne Datenbanken helfen, die Flut an selbst erstellten Elementen, Modellen und Templates zu strukturieren und zu teilen. Somit sind bereits jetzt die Ideen und die Arbeit aller Mitarbeiter rund um den Globus koordiniert und alle notwendigen Informationen stehen stets zur Verfügung.

d) Anwendungsfälle

Die außerordentliche Bedeutsamkeit der Visualisierung und der effizienteren koordinierten Arbeit wurden bereits erläutert. Natürlich gibt es Anwendungsfälle, die einfach, und andere, die schwer erschließbar sind. Die Umsetzung einer ehemals zweidimensionalen Planung in mit Daten angereichertem 3D stellt zum Beispiel keine große Herausforderung dar und ist eher eine Frage der Übung und des richtigen Arbeitsflusses. Auch die Kostenkontrolle (5D) und Mengenermittlung ist relativ einfach umsetzbar, weil es sich nahezu um ein Abfallprodukt des Modellierungsprozesses handelt. Ein großes Risiko ist hierbei jedoch, dass alles, was nicht modelliert wird, auch nicht automatisch berücksichtigt werden kann. So ist etwa der erhöhte Aufwand beim Herstellen gewisser Bauteile mit BIM nicht ohne Weiteres abbildbar. In der Zusammenarbeit mit externen Projektsteuerern ist in diesem Fall die Kommunikation extrem wichtig: Welche Informationen befinden sich im Modell und welche nicht? Womit ist unter Umständen erhöhter Aufwand verbunden, der im BIM-Modell, auch aufgrund des limitierten Level of Detail (LOD), nicht abgebildet ist? Die Verknüpfung der Modelle mit der Kostenermittlung nimmt einem daher nicht die Arbeit ab, erleichtert diese aber in vielen Fällen, sodass der Prozess effizienter und verlässlicher ablaufen kann.

Die Planung der zeitlichen Dimension (4D) ist etwas schwieriger umsetzbar. Grundsätzlich muss zuerst ein Ablaufplan vorhanden sein. Je nach gefordertem Detaillierungsgrad müssen dann Bauteile auf diesen Zeitplan gemapped werden. Dies nativ in Autodesk Revit durchzuführen, ist mühselig und Fehler können schnell passieren. Wir sind daher bisher immer auf andere Softwarelösungen ausgewichen. Dort besteht wiederum die Gefahr, dass die Planung parallel zum Mapping fortschreitet und das Endergebnis der 4D-Planung zum Zeitpunkt des Abschlusses der Arbeit schon wieder veraltet sein kann.

Ein allzu hoher Detaillierungsgrad macht aus unserer Sicht in den Planungsphasen nur begrenzt Sinn, da die Bauunternehmen ihre eigene Ablauf- und Baustellenplanung mit garantierten Abweichungen erstellen. Eine gröbere Planung, zum Beispiel im Monats- oder Quartalsrhythmus, kann dennoch sehr viel Sinn machen. Diese dann zugleich auch visuell mit aussagekräftigen 3D-Modellen und Renderings abzubilden, hat zu erheblichen Aha-Effekten seitens der Bauherrn geführt und potenzielle Fragen und Probleme der Bauausführung frühzeitig ausgeräumt. Nichtsdestotrotz ist die 4D-Planung ein erheblicher Aufwand.

e) Mitarbeiter

In der Erprobungsphase, als noch kein Druck bestand, mit BIM zu arbeiten, haben wir motivierten und interessierten Mitarbeitern vor allem zeitlich die Möglichkeit gegeben, sich die erforderliche Software selbstständig anzueignen. Anfangs lief dies ohne jegliches externes oder internes Training und war ein entsprechend schwieriger Prozess. Bis man den Computer nicht mehr täglich frustriert aus dem Fenster schmeißen wollte, hat es bestimmt zwei Jahre gedauert.

Die Rolle des Ingenieurs musste sich zwangsweise gegenüber dem Arbeiten mit CAD ändern. Auch wenn es bei BuroHappold schon immer gern gesehen war, dass der Ingenieur CAD-Pläne selbst entwickelte und zeichnete, war es doch vor allem in detaillierteren Planungen wirtschaftlich oft erforderlich, das Wissen vom Ingenieur auf den Konstrukteur zu übertragen. Mit der BIM-Methode verschieben sich die Verantwortlichkeiten: Alle Ingenieure bei BuroHappold sind angehalten, ihren Entwurf direkt in den BIM-Modellen umzusetzen. Das führt zu einem besseren Verständnis der eigenen Planung, auch in Bezug auf die Auswirkungen auf andere Gewerke, zu einer besseren Koordination und letztlich zum frühzeitigen Aufspüren und zur Eliminierung von Fehlern.

Die Konstrukteure/Technicians werden dadurch natürlich nicht überflüssig, nur ihre Aufgabe bzw. Verantwortung wandelt sich. Nach wie vor müssen Ergebnisse auch in Papierform eingereicht werden und es muss sichergestellt werden, dass diese den Qualitätsanforderungen entsprechen. Weiterhin ist es ihre Aufgabe, die Rahmenbedingungen für ein effizientes Arbeiten der Ingenieure zu schaffen, d.h. das Modell zunächst aufzusetzen, für die Verfügbarkeit der Bauteil-Familien zu sorgen und Vorlagen bereitzustellen. Darüber hinaus erhalten Technicians neue Aufgaben im Bereich Plan- und Modellmanagement: Sie kümmern sich um den Status aller Projektpläne, laden diese auf den jeweiligen Projektserver hoch, erstellen Ausgangslisten usw. Um diese sehr verantwortungsvollen Aufgaben kümmerten sich sonst die Projektleiter, deren Entlastung natürlich im Sinne der Kosteneffizienz ist.

Teilweise bekommen Technicians als BIM-Manager gegenüber Ingenieuren sogar eine weisende Position in Bezug auf Koordination und Arbeitsrhythmus. Sie schreiben die „BIM Execution Plans“ (BEPs) und entscheiden, welche Softwarestandards benutzt werden können. In diese Rolle müssen manche Kollegen zunächst noch hineinwachsen, es besteht aber kein Zweifel, dass sich der Beruf des Konstrukteurs/Technicians in beschriebener Weise verändern wird.

Inzwischen haben wir es durch die Zusammenlegung globaler Ressourcen geschafft, weltweite Richtlinien für Trainings sowie Pläne zur Durchführung aufzustellen, sodass jeder Fachplaner an jedem einzelnen Standort auf ein einheitliches Kompetenzlevel gehoben wird. Dazu gehören auch Lernerfolgskontrollen, die für den Nachweis der Mitarbeiter-Niveaus erforderlich sind. So sind bei BuroHappold Voraussetzungen geschaffen worden, Projekte unabhängig vom Standort mit der gleichen Qualität bearbeiten zu können. Auch kleinere Niederlassungen können deshalb Großprojekte mit interner internationaler Hilfe bearbeiten.

2 Fokus Projektabwicklung

a) Mehrwerte

Ein klarer Mehrwert ist die Koordination. Sie ist bei der Arbeit mit BIM nicht unbedingt leichter geworden, aber das Mehr an Informationen, welches von Planungsbeteiligten, intern wie extern, im BIM-Modell zur Verfügung gestellt wird, macht unsere Arbeit um ein Vielfaches effizienter. Des Weiteren hilft uns die Visualisierung des Entwurfes, Problemstellen frühzeitig zu erkennen. Als wir 2008 begannen, mit BIM zu arbeiten, fiel uns dieser Vorteil schnell auf und ist seither ein wesentlicher Ansporn, weiter auf BIM zu setzen. Außerdem führen die Kostenkontrolle und Mengenermittlung zu einer großen Zeitersparnis und sie ermöglichen darüber hinaus, unseren Bauherrn verschiedene Planungsalternativen zu unterbreiten.

Als momentan größter Mehrwert stellte sich in letzter Zeit jedoch die Nutzung verknüpfter Datenmodelle für unsere Berechnungen und Analysen heraus. Die Verknüpfung der dreidimensionalen Datenmodelle mit unseren Analysemodellen ermöglicht es uns, eine sehr effiziente Arbeitsweise zu entwickeln; durch die Single Source of Truth ist zudem sichergestellt, dass alle Beteiligten mit denselben Daten arbeiten. Für eine Verknüpfung der verschiedenen Fachdisziplinen haben wir das „Single Analysis Model“ (SAM) entwickelt. Das SAM erspart uns, für jede Disziplin separate Analysemodelle zu bauen, ganz im Sinne einer effizienten und multidisziplinären Arbeit. Entwurfsänderungen können mithilfe des SAMs schnell und einfach umgesetzt und geprüft werden. Die weitere Verzahnung der verschiedenen Disziplinen wird auch in Zukunft von zentraler Bedeutung sein.

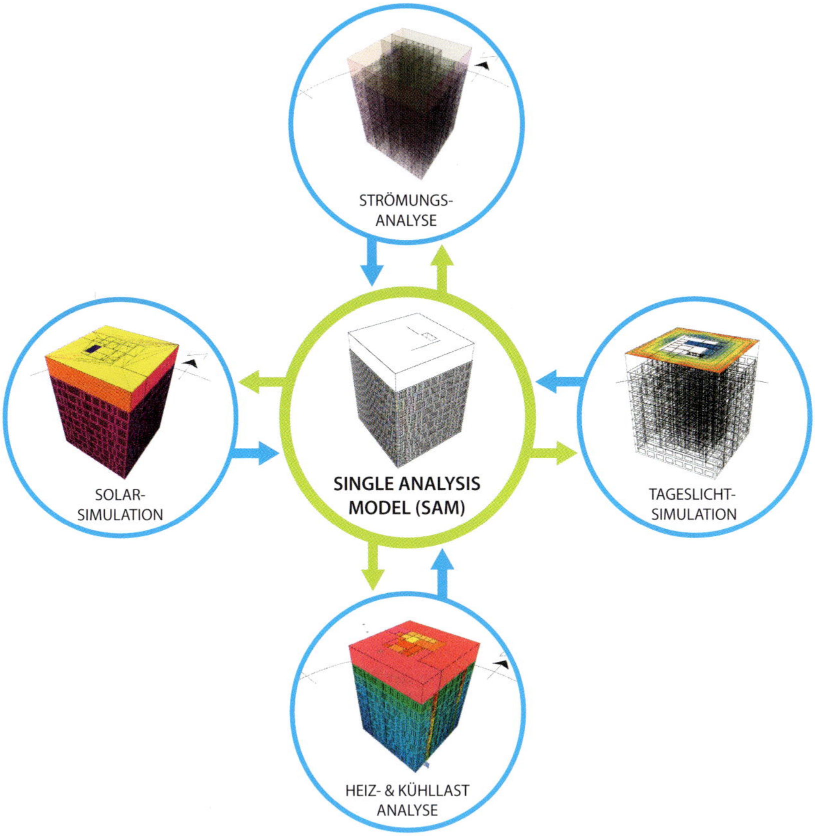

Abbildung 3

b) Prozesse

Für das Arbeiten mit BIM braucht man für jedes einzelne Projekt BEPs sowie intern „BIM User Manuals“ (BUMs). Ausschlaggebend für deren Erstellung sind die Fragen: Was wollen wir erreichen? Wie kommen wir dahin? Welche Prozesse sind dafür notwendig? Dabei muss geklärt werden, wer für welche Modelle und Bauteile welche Verantwortlichkeiten übernimmt, vom Architektur-, über das Tragwerksplanungs- bis hin zu verschiedenen Haustechnikmodellen. Während in früheren Projekten der BEP für jedes Projekt von BuroHappold entwickelt wurde und teilweise vom Bauherrn nur freigegeben werden musste, stellen Bauherrn in jüngster Zeit BEPs mittels eigener spezialisierter Berater selbst zur Verfügung.

Das BUM ist ein Dokument, welches die Standards zwischen den direkt am Modell arbeitenden Beteiligten regelt. Darin sind Benennungen, Besitzrechte von Bauteilen, Verantwortlichkeiten für Parameter, der interne Modellaustausch, Softwareversionen und interne Arbeitsprozesse geregelt. Damit ist das BUM eine Ergänzung des mit dem Bauherrn abgestimmten BEP, kann diesen jedoch nicht ersetzen.

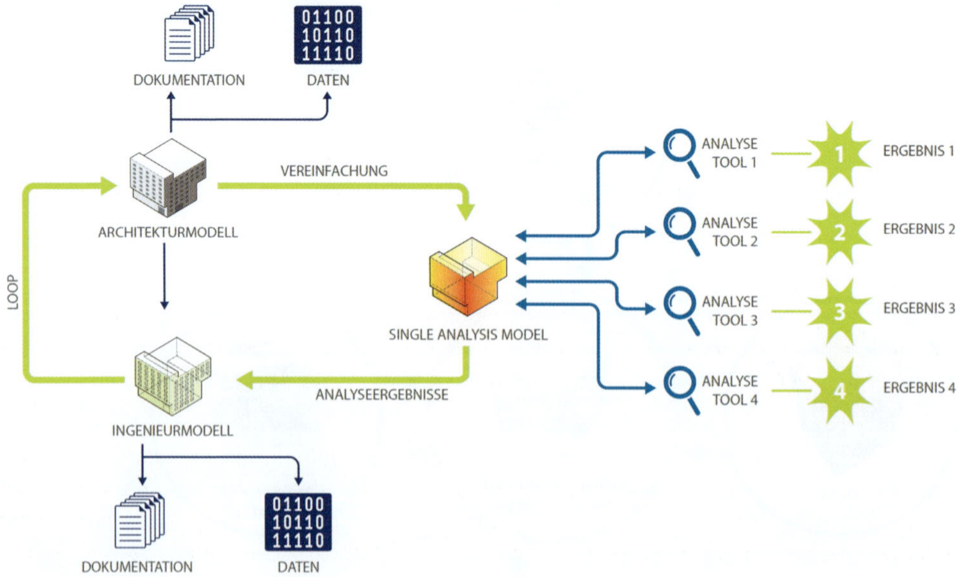

Abbildung 4

Neben diesen standardisierten Prozessen bieten im Verlauf der Projektbearbeitung intern entwickelte Arbeitsabläufe und Tools zahlreiche Vorteile. Das oben erwähnte SAM etwa ermöglicht optimierte Arbeitsabläufe, die mit CAD nicht möglich waren. Indem wir sukzessive die Kompatibilität von BIM-Modellen mit unseren Analysesoftwares testeten, konnten wir klare Vorstellungen entwickeln, wie die Modelle anzulegen sind, um eine einwand- und verlustfreie Übertragung der Daten zu garantieren. Wir können den Architekten jedoch kaum vorschreiben, wie sie ihre eigenen Modelle aufsetzen sollen. Daher ist das SAM ein von BuroHappold in nativem Revit erstelltes vereinfachtes Architektur-Modell, das auf alle für die Analyse wesentlichen Bauteile und Eigenschaften reduziert wird. Gleichzeitig reichern wir das SAM mit allen zur Analyse notwendigen Informationen an, indem wir es mit verschiedenen Softwares verknüpfen. Die Ergebnisse fließen anschließend in die BIM-Modelle der Architekten und Ingenieure zurück. Der Aufwand bei der Erstellung des SAM ist geringer, als wenn jedes Analysemodell separat erstellt werden müsste. Gleichzeitig ist die Konsistenz der Daten gewährleistet, da sämtliche Beteiligte auf derselben Grundlage arbeiten. Bei einer Änderung der Architektur lassen sich mithilfe des SAM erneute Analysen in einem Bruchteil der Zeit durchführen, die sonst für die Anpassung der Modelle benötigt worden wäre. Ohne BIM wäre ein solcherlei optimierter Prozess in der Projektabwicklung natürlich nicht vorstellbar.

c) Risiken und Verbesserung

Die dominierende Marktposition, die Autodesk Revit derzeit einnimmt, wird wohl Bestand haben. Bei AutoCAD gab es durchaus leistungsstarke Alternativen; bei Revit ist die Verbreitung von Alternativen international kaum ausgeprägt, sodass man kaum von Open BIM sprechen kann. Open BIM definiert die softwareneutrale Planung, die für zukünftige Projekte, vor allem bei öffentlichen Bauvorhaben, als Standard gefordert sein wird.

Ohne nennenswerte Konkurrenz sinkt außerdem natürlich der Innovationsdruck zu Lasten des Anwenders. Auch wenn der Leistungsumfang von Revit von Jahr zu Jahr zunimmt, bleiben noch viele Bereiche unzureichend gelöst, sodass mühsam erstellte Tools und Elemente Abhilfe schaffen müssen.

Ein weiteres Risiko ist, sich in der Ausarbeitung von Details zu verlieren. Man muss immer in Frage stellen, welches LOD sowohl geometrisch als auch in den Parametern erforderlich ist und ob für bestimmte Planungsphasen vereinfachte Modellierungen nicht ausreichend sind. Nur weil man die Möglichkeit hat, eine Schraube dreidimensional darzustellen, heißt das noch lange nicht, dass man diese auch nutzen muss. Was in Plänen in 2D dargestellt ist, muss nicht unbedingt auch immer in 3D modelliert werden. Leider ist die Erwartungshaltung mancher Bauherrn diesbezüglich zuweilen unverhältnismäßig hoch. Klärende Gespräche mit allen Beteiligten zum Projektauftakt sind daher besonders wichtig.

Entgegen der landläufigen Meinung, dass die BIM-Technologie die Kommunikation vereinfacht bzw. eliminiert, da jeder Projektbeteiligte immer die aktuelle Planung am Modell erkennen kann, ist unsere Erfahrung, dass die intensive Kommunikation gegenüber dem CAD-Zeitalter einen enormen Stellenwert bekommen hat. Es ist für jeden Projektbeteiligten sehr leicht, Änderungen an seinem jeweiligen Teil-Modell vorzunehmen, doch müssen diese über geregelte Wege kommuniziert werden. Einfach ein aktualisiertes Modell zur Verfügung zu stellen oder Änderungen bei Live-Umgebungen einzuarbeiten, lässt alle anderen Beteiligten im Dunkeln darüber, was geändert wurde. So kann es vorkommen, dass der Planer Änderungen erst sehr spät erkennt und sich dann mit Aussagen wie „Das haben wir doch schon vor Wochen implementiert“ konfrontiert sieht. Daher sind die direkte und tägliche Kommunikation sowie regelmäßige Design-Workshops, bestenfalls im Wochenrhythmus, feste Bestandteile unserer BIM-Planung. Diese Form der Kommunikation ist natürlich eine große Chance, birgt aber auch das Risiko der Informationsüberflutung. Nur durch gutes Management, effiziente Abstimmung und produktive Zusammenarbeit lässt sich hier das Potenzial voll ausschöpfen.

Weiterhin müssen mögliche Probleme mit inkompatiblen Software-Versionen bereits im Vorfeld ausgeräumt werden. Spätestens beim Aufsetzen des BEPs müssen nicht nur die Aufgaben der nächsten Projektphase, sondern der gesamte Projektablauf beachtet werden. Sind sämtliche Add-ins, Tools oder Aufsätze aller Planungsbeteiligten auf Kompatibilität geprüft? Wo sind die Schwachstellen? Auch wenn es verlockend erscheint, immer die neueste Version einer Software einzusetzen, ist es häufig sinnvoller, auf ältere, aber etablierte Versionen zurückzugreifen. Ein Upgrade der Versionen während einer Projektbearbeitung, auch wenn sich diese über Jahre hinwegzieht, sollte unbedingt vermieden werden.

Schließlich ist besonders für den deutschen Markt die unzureichende Ausbildungssituation ein dauerhaftes Risiko. Gut ausgebildetes Personal für die Planung mit BIM zu finden, ist eine große Herausforderung. Erst jetzt beginnen die deutschen Universitäten zu reagieren und nehmen BIM in ihre Lehrpläne auf. Der erfahrene (deutschsprachige) Ingenieur, der zugleich auch in der Lage ist, mit BIM zu arbeiten, ist zurzeit fast noch das berühmte Einhorn. Deshalb ist auch interne Weiterbildung von so großer Bedeutung, genauso wie das Halten von Spezialisten, in deren Wissen die Firma investiert hat.

d) Projektpartner und Auftraggeber

Hierbei können drei exemplarische Szenarien unterschieden werden: Zunächst gibt es den Bauherrn, der keinerlei Anforderungen in Bezug auf BIM hat. Dieser erfährt zuweilen nicht einmal, dass sein Projekt von BuroHappold und ggf. weiteren Projektbeteiligten mit der BIM-Methode bearbeitet wurde. In der Vergangenheit gab es bei diesem Typ von Bauherr immer wieder erstaunte Blicke, wenn wir als Ingenieure unseren Entwurf mittels dreidimensionaler Modelle präsentiert haben.

Dann gibt es den Auftraggeber, der sich inzwischen bewusst geworden ist, dass er mit uns als BIM-Pionieren einen Mehrwert für sein Projekt generieren kann. Nach erfolgreichen, gemeinsam abgewickelten Projekten kommen diese Auftraggeber natürlich wieder und müssen nicht erneut überzeugt werden. Die Zahl dieser Bauherrn wird zunehmend größer, gleichzeitig verlässt Deutschland aber auch mit großen Schritten die Pionierphase.

Und schließlich gibt es noch den Auftraggeber, der sich die Arbeit mit BIM vertraglich zusichern lässt. Bauherrn, die genau wissen, worauf sie sich einlassen und eine klare Erwartungshaltung haben, sind noch selten, aber ihre Zahl wächst täglich. Oft sind hier erfahrene spezialisierte BIM-Berater für den Bauherrn tätig. Bei der Mehrzahl an aktuellen Projekten, bei der BIM gefordert wird, ist dem Auftraggeber dennoch oft nicht klar, was die neue Planungsmethode eigentlich bedeutet. Hier ist viel Aufklärungsarbeit und die Erarbeitung eines BEPs unsererseits erforderlich, bevor mit dem Projekt begonnen werden kann. Nichtsdestotrotz passiert es auch dann hin und wieder, dass wir Auftraggeber in Meetings davon überzeugen müssen, dass die Modelle und Zeichnungen ein und denselben Ursprung haben und nicht separat bearbeitet wurden.

Um Bewusstsein zu schaffen und das Interesse potenzieller Auftraggeber zu wecken, arbeitet unsere Marketingabteilung intensiv daran, unsere BIM-Expertise anschaulich und verständlich darzustellen – so zum Beispiel in einer Sonderausgabe der DETAIL zum Thema BIM oder in der DBZ.

3 Fokus Projekt

a) BIM-Projekt

Die in Luxemburg ansässige Europäische Investitionsbank (EIB) möchte ihre Firmenzentrale um ein Bürogebäude erweitern. Der nachhaltig geplante Neubau wird eine herausragende Arbeitsumgebung auf ca. 60 000 Quadratmetern für 1 500 Mitarbeiter schaffen und umfasst neben den Büroräumen Konferenzbereiche, Sportanlagen, Gewerbeflächen, Technik und Parkebenen. BuroHappold übernahm dabei mit der Haustechnik- und Tragwerksplanung, dem Fassaden- und Aufzugsdesign, der Energiesimulation, Beleuchtungsplanung, People-Flow-Modellierung, Akustik, Nachhaltigkeitsberatung und BREEAM-Zertifizierung sowie mit dem Sicherheits- und Brandschutzkonzept große Verantwortung in den unterschiedlichsten Disziplinen.

Erstmals bei einem BIM-Projekt im Berliner Büro gingen wir mit den Architekten von Mecanoo eine Arbeitsgemeinschaft ein und waren zugleich Generalplaner. So konnten wir alle Prozesse selbst steuern, waren gleichzeitig aber auch für die Gesamtplanung zuständig.

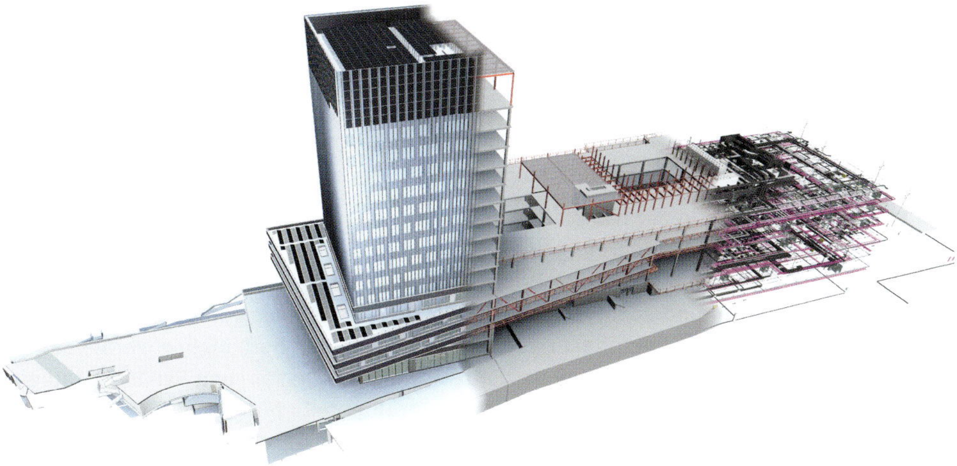

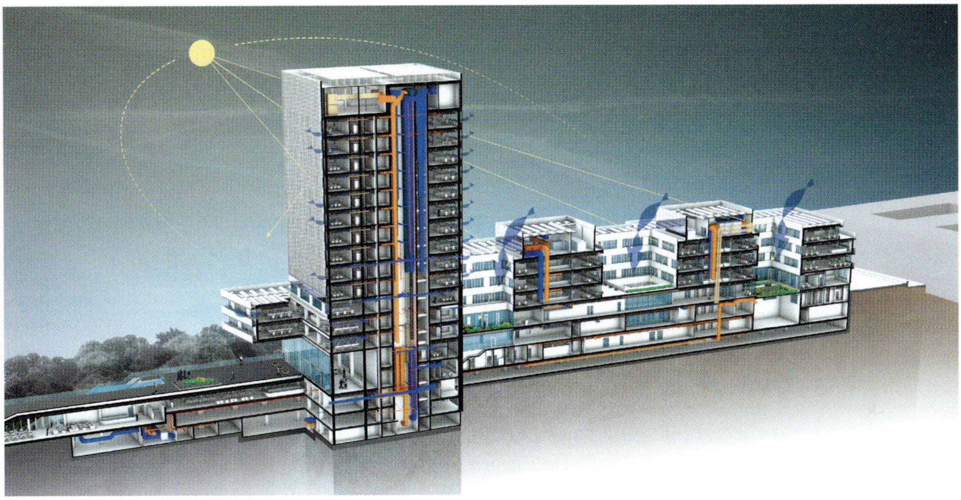

Abbildung 5

Der Auftraggeber hatte von Anfang an deutlich gemacht, dass er mit BIM arbeiten wollte, jedoch nicht näher definiert, was er sich davon erhofft. Der von uns geschriebene BEP erfuhr mehrere Iterationsdurchläufe, ehe er von der Bank als Bauherr abgesegnet wurde und die Grundlage bilden konnte, um das Projekt anzugehen. Von uns sollte eine Planung mit dem LOD 300 bis 350 übernommen werden, während die Ausführungsplanung über einen LOD 400 bis zum LOD 500 der as-built-Planung weitergeführt werden soll.

Die Architekten mussten aufgrund der Größe das Design in sechs unterschiedlichen Modellen darstellen: Gebäudemodell, Gebäudehülle/Fassade, Landschaftsmodell, Innenausbau, Möblierung und Bestandsbauten. Nach der Konzeptphase des Architekten entwickelten wir unser Haustechnik- und Tragwerksmodell. Auch die Haustechnik sah sich aufgrund der Komplexität und Größe des Projekts gezwungen, drei Teilmodelle zu erstellen: eines für (Ab-)Wasser inklusive Heizung und Kühlung, eines für die Lüftung und eines für die Elektrik. Innerhalb unserer Firma waren die Modelle auf Revit-Servern live miteinander verknüpft, sodass allen unseren Ingenieuren in sämtlichen Büros der aktuelle Stand der Planung zur Verfügung stand. Das Projekt wurde hauptsächlich in der Berliner Niederlassung bearbeitet mit Zuarbeit von Bath, London, Glasgow, Kopenhagen, Warschau und Mumbai. Der Revit-Server minimierte dabei die auszutauschenden Daten, sodass Synchronisationsprozesse nur einen Bruchteil der Zeit in Anspruch nahmen, anders, als wenn die Modelle auf Standard-File-Servern abgelegt sind.

Beim EIB-Projekt wurde in der frühen Entwurfsphase auf eine intensive Kollisionsprüfung verzichtet und zunächst Wert darauf gelegt, sämtliche Bauteile und Elemente in den jeweiligen Fachmodellen zu erstellen. Diese Priorisierung war notwendig, um frühzeitig verlässliche Mengen ermitteln und somit realistische Kostenschätzungen vornehmen zu können. Erst gegen Ende einer Projektphase wurde intensiv an der Bereinigung verbleibender Kollisionen gearbeitet. Aufgrund einer vorher festgelegten Trassen- und Schachtstrategie, wie auch aus dem CAD-Zeitalter bekannt, waren größtenteils nur sekundäre Kollisionen zu bereinigen. Dennoch garantierte nur eine vorher festgelegte Strategie die effiziente Eliminierung einer Vielzahl von verbleibenden Kollisionen. Zunächst brachten wir die Architektur mit der Tragwerksplanung auf genaue Übereinstimmung, indem wir tragende Elemente im Architekturmodell löschten und komplett durch das Tragwerksmodell ersetzten. Parallel wurden die Haustechnik-Subdisziplinen untereinander koordiniert. Die so abgestimmte Haustechnikplanung wurde mit selbst entwickelten Skripten nativ in Revit über das Architektur- und Tragwerksmodell gelegt. So ließen sich notwendige (zusätzliche) Durchbrüche inklusive Offsets anzeigen. In nahezu täglichen Abstimmungsrunden wurden dann die finalen Durchbrüche festgelegt und schließlich in die Modelle eingepflegt.

Sicherlich sind andere Ansätze, wie zum Beispiel die frühzeitige Reservierung von Trassen oder die Festlegung und Modellierung des Platzbedarfs für Maschinerie und Ausbau, ebenfalls möglich, um bereits im Konzept Kollisionen zu vermeiden. Beim EIB-Projekt wären beide Ansätze jedoch spätestens mit den zahlreichen Änderungswünschen der Betreiber und durch den massiven Anpassungsaufwand gescheitert.

Erstmals machten wir bei diesem Projekt Erfahrungen mit der Verknüpfung der Modelle mit Zeit (4D) und Kosten (5D). Aufgrund des benachbarten ersten Erweiterungsgebäudes der EIB musste ein Bauablaufplan erstellt werden, der den ungestörten Betrieb während der Bauphase garantiert. Die von BuroHappold erstellte visuelle Darstellung ermöglichte es den planungsfernen Betreibern, sowohl die Konstruktion als auch den Ablauf zu verstehen und auf eventuelle Kollisionen mit ihrem jeweiligen Betrieb zu prüfen. Entsprechende Gegenmaßnahmen konnten somit schon in der frühzeitigen Entwurfsphase eingeleitet werden. Als Beispiel sei hier die Zulieferung der Küche genannt, die an extrem beengte Verhältnisse auf der Baustelle angepasst werden musste.

Viele Großprojekte standen in letzter Zeit aufgrund der Überziehung von Kosten in den Schlagzeilen. Entsprechend war es für unseren Bauherrn von besonderer Bedeutung, die Baukosten unter Kontrolle zu halten. Dem Designteam wurde deshalb per Vertrag ein Kostenrahmen vorgegeben, der keinesfalls überschritten werden durfte. Die Arbeitsgemeinschaft aus BuroHappold und Mecanoo holte sich mit Turner & Townsend einen Subunternehmer an Bord, der regelmäßige Mengen- und Kostenermittlung an den Modellen vornahm. Über im Vorfeld abgestimmte Prozesse konnten so im Monatsrhythmus die Gesamtbaukosten kontrolliert und wo nötig in Abstimmung mit dem Bauherrn korrigierende Maßnahmen eingeleitet werden.

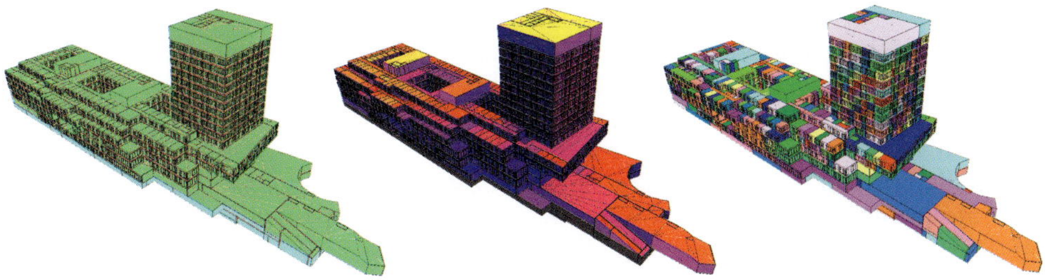

Vereinfachtes Modell aus Revit Architekturmodell Solarsimulationsmodell SAM - Zonierungsmodell

Abbildung 6

Beim EIB-Projekt trug unser selbst entwickeltes SAM einen entscheidenden Beitrag zum Erfolg bei. Die wohlmöglich größte Herausforderung stellte die Vorgabe dar, dass mindestens 50 Prozent des Primärenergiebedarfs vom Gebäude selbst produziert werden soll. Gleichzeitig waren die Nutzung von fossilen Brennstoffen, Biomasse, Geothermie, Windkraft oder auch der Anschluss an das Fernwärmenetz nicht erlaubt. Demnach verblieb eine Kombination aus Photovoltaik und Absorptionswärmepumpen als Energieproduzent. Außerdem musste der Gesamtenergieverbrauch des Gebäudes auf ein Minimum reduziert werden. Entscheidend war hierbei, die ideale Balance zwischen den einzelnen Gewerken zu finden. So mussten zum Beispiel die Fassade, die Verglasung, die Verschattungselemente und die Gebäudesteuerung so abgestimmt werden, dass die geforderten 300 Lux Tageslicht auf jedem Arbeitsplatz gewährleistet sind, ohne dass zugleich die Kühllast ein zu hohes Maß erreicht und damit die Forderungen nach dem mindestens zu 50 Prozent selbst produzierten Primärenergiebedarf konterkariert. Zieht man alle weiteren Gewerke in Betracht und bildet analoge Szenarien über das gesamte Jahr ab, wird die Komplexität der Aufgabe anschaulich. SAM half hier, sämtliche Informationen zu Randbedingungen zu sammeln und in die jeweilige Analysesoftware zu speisen, sodass mehrere Szenarien in einem Bruchteil der sonst notwendigen Zeit simuliert werden konnten und zu einem abgestimmten Ergebnis führten.

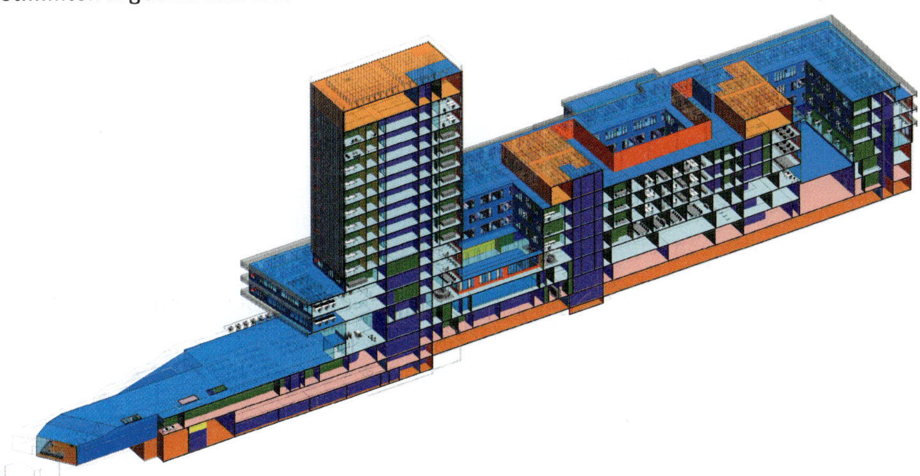

Abbildung 7

Ein solch intensiv abgestimmter Entwurf ist nur von einem vollständig integriert arbeitenden Team möglich, welches die BIM-Methode zu ihrem Vorteil zu nutzen weiß.

b) Erfahrungen

Als multidisziplinäres Ingenieurbüro sind wir bestrebt, eine vollständig integrierte Planung abzuliefern, die weit über die reine Koordination hinausgeht. Beim EIB-Projekt konnten wir mit der Nutzung unseres SAM eine Lösung abliefern, die sämtliche Aufgabenstellungen erfüllt und dennoch im Kostenrahmen bleibt. Ohne BIM wäre eine angemessene und den Forderungen des Bauherrn gerecht werdende Bearbeitung des Projekts wohl kaum möglich gewesen. Außerdem schweißte die Projektarbeit unsere global verteilten Teams und Disziplinen noch enger zusammen. In der multidisziplinären Zusammenarbeit hatte jeder einzelne Mitarbeitende immer wieder die Gelegenheit, über den Tellerrand der eigenen Fachrichtung hinaus zu schauen, ganz im Sinne des holistischen Ansatzes unseres Büros. Als Team waren wir für den Bauherrn und den Architekten so Ansprechpartner für alle Ingenieursfragen, nicht nur für Einzelaspekte der Tragwerksplanung oder Haustechnik.

Der Prozess des beinahe zeitgleich miteinander Arbeitens mit dem Architekten war ebenfalls eine Herausforderung, bei deren Bewältigung wir wichtige Erfahrungen sammeln konnten: Teilweise erreichten uns am Anfang „Überraschungsmodelle", auf denen wir die Änderungen nur schwer nachvollziehen konnten. Schließlich sind wir zu bewährten Methoden übergegangen, indem wir Änderungen in vereinfachter und für jeden zugänglicher Form in separaten Excel-Dateien gewerkeweise festhielten, sodass sie von anderen Teams sofort zu erkennen waren. Eine solche Änderungsliste führten die Architekten dann ebenfalls.

Ein Aspekt, den wir außerdem in neue Projekte übertragen möchten, ist das Schreiben von Skripten zur Prozessbeschleunigung. Beispielhaft sei dies an den 1 172 Stützen im Neubau erläutert: Das erste Skript hat eine Benennung aller Stützen nach einem Namensschema vorgenommen. Die Daten hatten wir dann sowohl in die Analysesoftware als auch in das BIM-Modell für die Tragwerksplanung übertragen, sodass die Elemente in beiden Programmen einen gemeinsamen Parameter aufwiesen. So hatten wir eine Basis, auf der die Elemente miteinander kommunizieren konnten, sodass Bemessungsergebnisse der Analysesoftware über die Excel-Brücke in das BIM-Modell zurückgeführt werden konnten. Die Informationen über Stahlmengen und Betonklassen wurden dann automatisch aus der Tabelle in Parameter geschrieben, die wiederum in unser Tragwerks-BIM-Modell geladen wurden. In diesem wurden schließlich Gesamtstahl- und Betonmengen automatisch ermittelt. Die Verlinkung und Automatisierung ermöglichte es uns, Parameter per Mausklick hin und her zu transportieren und so effizient zu Ergebnissen zu gelangen. Änderungen in der Bemessung konnten mittels der Excel-Brücke innerhalb von Sekunden in das Tragwerks-BIM-Modell übertragen werden. Wir werden die Skripte auch in neuen Projekten einsetzen und stetig weiterentwickeln.

4 Ausblick

a) Heute und morgen

Als multidisziplinäres Team, das integrierte Projektplanung liefert, unterstützt BIM unsere Arbeit ideal. Bisher können wir uns noch von unseren Wettbewerbern vor allem national, aber auch international aufgrund unseres multidisziplinären und holistischen Ansatzes absetzen – unter anderem deshalb, weil wir mit unserem globalen Netzwerk technisch auf dem neuesten Stand sind. Darüber hinaus haben wir einen Punkt erreicht, an dem wir das Zusammenspiel der Softwares und die Bandbreite ihrer Nutzbarkeit aktiv mitgestalten, sodass unsere Arbeit effizienter und qualitativ noch hochwertiger wird.

Großartige Entwürfe und koordinierte Planungen waren auch schon mit CAD möglich – BIM wird uns helfen, unsere Arbeit noch effizienter zu machen, Übertragungsfehler zu vermeiden und Probleme noch früher angehen zu können.

In Zukunft müssen wir uns dennoch mehr darauf konzentrieren, dem Bauherrn die Vorteile, die er durch BIM hat, erlebbar zu machen, auch ohne komplexe und rechenintensive Software bedienen zu müssen. Entsprechend wird dann auch die Bereitschaft steigen, Planungen mit BIM höher zu honorieren.

Kurzvorstellung

Autoren

Dipl.-Ing. Lars Kölln

ist Partner im Architekturbüro Core architecture, Kölln & Mondino GbR, in Hamburg.

Er hat an der Fachhochschule (FH) in Hamburg Architektur studiert. Als Geschäftsführer in verschiedenen Architekturbüros arbeitet er seit 1999 selbständig. 2017 wurde er in den Vorstand des BDB Hamburg gewählt. Seit 2014 führt er zusammen mit Daniel Mondino das bundesweit tätige Architekturbüro Core architecture, das auf BIM spezialisiert ist. Das Büro ist Mitglied von buildingSMART und Mitinitiator des „BIM Hub Hamburg", eines interdisziplinären Wissenspools zum Thema BIM in der Metropolregion Hamburg.

Das Büro engagiert sich auf nationaler und internationaler Ebene aktiv für die Einführung von BIM, ist als Berater tätig und führt Schulungen durch. Herr Kölln ist Mitglied in den Arbeitskreisen BIM im VDI und DVP und in der Forschungsgruppe Kosten bei buildingSMART.

Dipl.-Arch. ETH Daniel Mondino

ist Partner im Architekturbüro Core architecture, Kölln & Mondino GbR, in Hamburg.

Er hat an der Eidgenössischen Technischen Hochschule (ETH) in Zürich Architektur studiert und lebt seit 1991 in Deutschland. Nach Leitungsfunktionen in verschiedenen Architekturbüros arbeitet er seit 1996 selbständig. 2006 wurde er in den BDA berufen, wo er einige Jahre im Landesvorstand war. Seit 2014 führt er zusammen mit Lars Kölln das bundesweit tätige Architekturbüro Core architecture, das auf BIM spezialisiert ist. Das Büro ist Mitglied von buildingSMART und Mitinitiator des „BIM Hub Hamburg", eines interdisziplinären Wissenspools zum Thema BIM in der Metropolregion Hamburg.

Das Büro engagiert sich auf nationaler und internationaler Ebene aktiv für die Einführung von BIM, ist als Berater tätig und führt Schulungen durch. Herr Mondino ist bei planen-bauen 4.0 Beirat für das Handlungsfeld Architektur und Mitglied der BIM-Expertengruppen im Architect's Council of Europe (ACE) und der Bundesarchitektenkammer. Darüber hinaus ist er Mitglied in Normungsgremien beim VDI und im DIN.

Unternehmen

Core architecture Kölln & Mondino GbR

Leistungen/Produkte

Architekturplanung, Leistungsphasen 1–9
BIM-Beratung
BIM-Management
BIM-Schulungen

Art der Leistungen/Produkte

Werkvertragliche Leistungen
Dienstleistungen

Mitarbeiterzahl

Variierend, zz. 6

URL zum Unternehmen

www.core-architecture.eu

1 Fokus Unternehmen

a) Auslöser

- Optimierung interner Geschäftsprozesse
- Vermeidung von Medienbrüchen und redundanter Datenpflege
- Strategischer Wandel:
  Was müssen wir in 5 Jahren können? → Positionierung im Markt
- Mitgestalten der neuen Rahmenbedingungen unseres Berufes/Paradigmenwechsel
- Weiterentwicklung unseres Berufsstandes in disruptiven Zeiten durch Ausloten neuer Geschäftsmodelle

b) Einfluss auf Geschäftsmodell

- Im Rahmen der allgemeinen Digitalisierung wandelt sich auch die Struktur der Wertschöpfungskette Bau. Daraus folgt, dass auch die jetzige Form der Arbeit und Projektbearbeitung sich wandeln wird, und das in eher disruptiver, als linear evolutionärer Art. Insofern besteht die Besonderheit zurzeit darin, eine Ausrichtung des eigenen Unternehmens zu finden, ohne zu wissen, wohin die Entwicklung genau geht. Man muss also navigieren, ohne zu wissen, welchen Kurs man genau einzuschlagen hat.
- Damit ergeben sich als Risiko eine falsche Bewertung der Richtung und damit eine falsche Kurssetzung. Aber auch ein „Weiter-wie-bisher“ wird den Herausforderungen der Zeit nicht gerecht werden. Bewertet man aber die Entwicklung einigermaßen richtig und bleibt in der Beobachtung der Märkte wachsam, so kann man zum erforderlichen Zeitpunkt mit dem richtigen Wissen und den richtigen Werkzeugen am Start sein.
- Entscheidend ist die strategische Ausrichtung auf die mögliche Entwicklung. Engagiert man sich darüber hinaus in der Gestaltung des zukünftigen Arbeitsumfeldes, so wird man rechtzeitig über die notwendigen Informationen verfügen.

c) Einrichten von Rahmenbedingungen

- Kein Diagramm, weil keine hierarchische Firmenstruktur!
- Mitarbeiter: Informieren, Potenziale erkennen und schulen → Mitarbeiter an Entwicklung teilhaben lassen und Geschäftsideen fördern.
- Keine Roadmap! Die Entwicklung ist zu kurzfristig und ergibt sich somit aus der operativen und beratenden Tätigkeit.
- Bereits passiert:
  - Einführung erweitertes Software-Paket (5D – Modellprüfung – CDE)
  - Schulung Mitarbeiter
  - Bildung von Beratungsnetzwerk
  - Erste Beratungs- und Architekturprojekte mit openBIM
- Noch passieren wird:
  - Optimierung der Tools (z. B. 4D)

- Einarbeitung Ergebnisse aus Verbands- und Normierungstätigkeit
- Ausbau von Schulungsangeboten

d) Anwendungsfälle

– Bedeutsame Anwendungsfälle:
  - 5D-Ableitungen (Kosten und Mengen) über IFC – einfach erschließbar
  - 4D-Ableitungen über IFC und andere Programme – schwieriger zu erschließen, wegen z. T. ungenügender Datenbasis und Konnektivität
  - Kollisionsprüfungen im koordinierten Gesamtmodell – einfach erschließbar
  - Modellbasierte, automatische Prüfungen von Raumprogramm und -qualitäten – einfach erschließbar

– Software spielt eine große Rolle und muss ständig hinterfragt werden (Interoperabilität), ggf. auch häufiger mal ausgetauscht. Wichtig ist aber auch die Integration der übergreifenden Prozesse für die Kooperation zwischen allen Beteiligten!

– Als bremsender Faktor ist die zum Teil aufwändige Koordinierung des IFC-Austauschs hervorzuheben (Import – Export).

– Die Potenziale der BIM-Methodik werden durch diese Anwendungsfälle gefördert, weil hier ein schnell zu generierender Mehrwert für die Planungsbeteiligten vorliegt. Bessere Koordinierung, weniger haftungsrelevante Fehler und optimierte Abstimmungen im Team fördern die Zufriedenheit der Kunden und Planer und vereinfachen die Kommunikation.

– Darüber hinaus zu generierende Mehrwerte über die Mindestkriterien des Werkerfolges hinaus erhöhen die potenziellen Honorare der Planer.

e) Mitarbeiter

– Neue Rollen durch BIM: Ja. Durch BIM entstehen neue Rollen und Aufgabengebiete verschiedenster Art. Dies ermöglicht es, Mitarbeiter auch in den digitalen Aufgaben ihren Fähigkeiten entsprechend einzusetzen, zu schulen und weiterzuentwickeln. Diese Aufgaben sind den Mitarbeitern häufig noch gar nicht bekannt, wenn sie beginnen, sich intensiv mit BIM auseinanderzusetzen. Neugier und Interesse sind hierbei von großer Bedeutung.

– Mitarbeitermotivierung:
  - Technisch am Puls der Zeit
  - Mitarbeiter werden fit für die Aufgaben der Zukunft.
  - Die Digitalisierung der Wertschöpfungskette Bau bietet viele Betätigungsfelder, die ein vorwiegend analog oder nur rudimentär digital arbeitendes Unternehmen nicht bieten kann.
  - In Planungsbüros können auch „normale“ (Bau-)Zeichner mit BIM ganz neue und sehr hochwertige Qualifizierungen erlangen.
  - Die Digitalisierung ist bis zu einem gewissen Grad eine Fortsetzung spielerischer Ansätze in der Arbeitswelt.

- Mitarbeiter müssen nicht ins Ausland geschickt werden, um ausgebildet zu werden, weil wir hier in Deutschland gut ausbilden können. Wir sind nicht hinter dem Ausland zurück.

2 Fokus Projektabwicklung

a) Mehrwerte

BIM als Teil einer digitalen, modellorientierten Strategie kann bereits nach Anwendung erster Umstellungen in den vorhandenen Modellierungswerkzeugen ein erhebliches Potenzial entwickeln. Dabei spielt zunächst die umfängliche Schulung der Mitarbeiter eine entscheidende Rolle. Die Möglichkeiten der Werkzeuge, aus den entwickelten Modellen teilweise die erforderlichen Planlieferungsprozesse zu automatisieren, ist dabei eine erste, aber wesentliche Möglichkeit, die eigene Effizienz und Effektivität zu steigern. Dabei kommt jedoch eine neue Notwendigkeit zutage, die zuvor vielleicht als eher nebensächlich angesehen wurde. Es ist die Notwendigkeit, die zuvor erzeugten Datenmodelle auf ihre Richtigkeit zu prüfen. Dies leitet eine neue Qualitätsoffensive der Planungsansätze ein. Denn hatte man bisher erstmal „was gezeichnet“ und abgegeben, so ist es nunmehr unabdingbar, zuvor die Art und Weise der Modellierung zu planen, die Modelle umzusetzen und dann natürlich auch auf ihre Qualität hin zu prüfen. Diese „neue“ Art der Planung wird noch weit über den zurzeit üblichen Planlieferungsprozess hinaus von Bedeutung sein, da sie auch für die eigentlichen Modelllieferungsprozesse von entscheidender Bedeutung ist.

Ist dieser erste Schritt mal getan, sind die Grundlagen für viele Anwendungsfälle eines BIM-Modells gelegt. Die logische Konsequenz besteht nunmehr darin, die Objekte mit Zeiten und Kosten anzureichern. Die Bedeutung von Kostenberechnungen wird derzeit ja als wesentlicher Aspekt der BIM-Methodik gesehen. Die Ableitung von Zeiten stellt dagegen eine noch etwas aufwändigere Disziplin dar und wird auch in der näheren Zukunft die bauausführenden Unternehmer mehr interessieren als die Planer. Denn die verlässliche Ermittlung der Aufwandswerte, die entscheidenden Einfluss auf die Zeiten haben, ist kompetenzmäßig noch in der Sphäre der Unternehmer angesiedelt.

Neben diesen Schritten der Effektivitätssteigerung sind die kommunikativen Aspekte von entscheidender Bedeutung. Der Mehrwert wird daher nicht nur auf der Automatisierung der eigenen Prozesse liegen, sondern zum erheblichen Teil auch in der „reibungsreduzierten Kommunikation“ von Planern mit den anderen an der Planung Beteiligten. Aus den bisherigen Schnittstellen zwischen den Beteiligten werden in Zukunft „Nahtstellen“ werden müssen, um die Potenziale der Methodik voll ausschöpfen zu können. Diese Mehrwerte werden in Zukunft nach unserem Dafürhalten den höheren Stellenwert bekommen und das über den ganzen Lebenszyklus eines Bauwerks hinweg.

b) Prozesse

Die Mehrwerte werden vornehmlich aus den unternehmensspezifisch abgestimmten Prozessen erreicht. Dabei spielen natürlich die eingangs erwähnten Anwendungsfälle eine entscheidende Rolle. Die modellbasierte Ableitung von Planlieferungen und die Kostenermittlung spielen dabei zunächst vielleicht eine Hauptrolle. Diese Prozesse sind jedoch unterteilt in mehrere Subprozesse, die einerseits der Qualitätssicherung dienen und andererseits aus Prozessen der Unternehmenssteuerung bestehen. Damit sind die Prozesse neben ihrem allgemeinen Mehrwert stark unternehmens- und projektspezifisch zu sehen. Der wesentliche Unterschied zu herkömmlichen Projektabwicklungen, allerdings auch die größte Herausforderung, besteht darin, dass die Prozesstreiber von der planorientierten Sichtweise in eine modellbasierte Sichtweise wechseln müssen. Dabei beeinflussen sich die Prozesse gegenseitig und weisen Interaktionen auf. In Projekten sieht man dies am besten, wenn Projekte nach ISO 19650 I/II organisiert werden und IDM eingesetzt wird. Auch hier werden „Lieferungen" beschrieben, die anschließend organisiert werden. Hierbei werden unterschiedliche Prozesse (Freigaben, Genehmigungen etc.) nach Input und Output strukturiert und auf ein Ziel ausgerichtet. Je nach Anwendungsfall werden dann die Prozesstreiber (Modell, Plan, Daten etc.) identifiziert und spezifiziert.

c) Risiken und Verbesserung

Zunächst einmal sollte es in Zukunft nicht mehr Checklisten geben, sondern weniger, wenn mit dem Begriff „Checklisten" ein analoges Regelwerk verstanden wird. In Zukunft wird es automatisierte Prüfroutinen auf der Grundlage kommunizierter Modellierungsrichtlinien geben, die die angeforderten und festgelegten Inhalte prüfen und die Ergebnisse zeitnah kommunizieren.

Modellbasierte Planungsmethoden werden in Zukunft vor der Aufgabe stehen, die Erwartungen in die Potenziale dieser Arbeitsweise bestätigen zu müssen. Dabei werden immer mehr Daten erzeugt werden, deren Konsistenz von entscheidender Bedeutung sein wird. Checklisten können dabei vielleicht noch in einer Übergangsphase als Kriteriensammlung für die Vollständigkeit der Inhalte denkbar sein, werden aber allein schon wegen der manchmal bei den Projektbeteiligten fehlenden Akzeptanz von Qualitätssicherungssystemen wie der ISO 9001 ihre Bedeutung verlieren. Die Norm an sich, die die Qualitätssicherung als Methode in den Vordergrund stellt, wird aber in neuen oder weiterentwickelten Formen eine wichtige Rolle spielen können.

Die neu entwickelten Standards und ihre damit erzeugten Datenmodelle werden zunehmend durch neue oder zurzeit anders genutzte Algorithmen analysiert werden. Es wird somit neuer Lösungsansätze bedürfen, die jenseits der heutigen Ansätze liegen, um die Komplexität der zukünftigen Bauaufgaben und ihrer zugehörigen Datenmodelle zu bewältigen.

Damit verbunden werden auch die unternehmensspezifischen QS-Systeme und weitere Bürostandards stätig anzupassen sein. Es wird in diesem Bereich in absehbarer Zeit einen erheblichen Beratungsbedarf geben. Die bestehenden Prozessdokumentationen sind zum Teil nicht geeignet, die modellbasierte Planung effizient zu unterstützen, da sie die falschen Fragen stellen oder die wesentlichen Punkte dieser Methode nicht zum Inhalt haben.

Hierin liegt auch eines der größten Risiken, dass man nämlich versucht, mit den Methoden der Vergangenheit und Gegenwart Aufgaben der Zukunft zu lösen. Diese uns so vertrauten Methoden bergen nicht das Potenzial, die Komplexität in unseren Projekten handhaben zu können. Wir brauchen nicht ein komplexeres Geflecht der alten Methoden, sondern ein methodisch fundamentales Umdenken auf allen Ebenen, verbunden mit einer Fähigkeit zur kooperativen Zusammenarbeit ohne Scheu vor Transparenz und Offenheit.

d) Projektpartner und Auftraggeber

Für die Überzeugung der Projektbeteiligten auf Seiten der Auftraggeber und der Projektpartner ist vornehmlich das Verständnis für die Möglichkeiten der Methode ausschlaggebend. Zu kurz gedachte Konzepte auf Basis einer IT-Lösung versuchen wir zu vermeiden. Die Abstimmung der Werkzeuge und Ziele auf Projektebene, in der die Methode der modellbasierten Planung eingesetzt werden soll, ist nach wie vor der erste Schritt, um die Integration in eine Projektumgebung auf beiden Seiten so reibungslos wie möglich zu erreichen.

3 Fokus Projekt

a) BIM-Projekt

Als Praxisbeispiel haben wir eine Planung gewählt, in der wir auf der Auftraggeberseite als BIM-Manager eingesetzt werden, um den AG bei der Implementierung der modellbasierten Planungsmethode zu unterstützen. Dabei sind die Prozesse, die zu den einzelnen Lieferungen führen, in IDM Part II-Systematik erarbeitet und dargestellt worden. Alle Festlegungen der AG-seitig eingebrachten BIM-Richtlinie, die die Inhalte des BIM-Abwicklungsplans in diesem Projekt wiedergeben, sind mit den Prozessbeteiligten in Workshops abgestimmt worden. Der AG versprach sich aus der Anwendung der BIM-Methode Mehrwerte in folgenden Bereichen:

- Größere Kostensicherheit aus Mehrwerteverfahren
- Bessere Terminierung der Bauabläufe aus Aufwandswerten
- Höhere Qualitätssicherung durch automatisierte Prüfungsmethoden
- Transparenz in der Kommunikation an den Schnittstellen
- Klare/einfache Struktur der Lieferprozesse

Zunächst sollten gemeinsam mit den weiteren, an der Planung Beteiligten die Ziele des Auftraggebers abgestimmt und gemeinsam in der BIM-Richtlinie fixiert werden. Bei der Erstellung der Richtlinie wurden die Ziele mehrfach auf ihre Realisierbarkeit innerhalb der wesentlichen Projektparameter (Übergabezeitpunkt, Probebetrieb und Kosten) überprüft und schließlich verbindlich festgelegt. Diese stellten an folgende Projektinhalte modellbasierte Anforderungen:

- Koordination der Planung
- Simulationen
- Kostenermittlung
- Ausschreibung und Vergabe
- Baudurchführung
- Betreiben

Nach der Initialisierung wurden in der Aktivierungsphase die Interaktionen der Projektbeteiligten in einer Rollenmatrix dargestellt und die Schnittstellen zwischen den Projektpartnern beschrieben und erarbeitet.

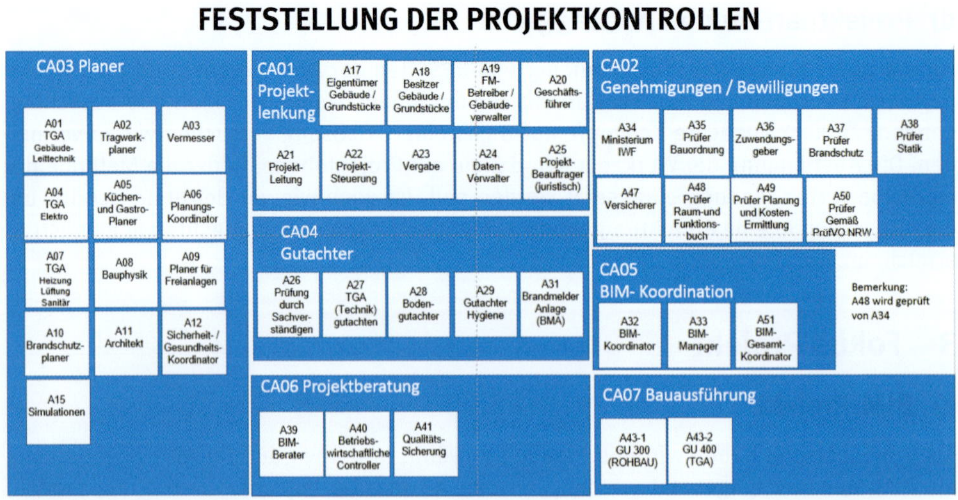

Abbildung 1

Es wurden ebenfalls die Datenübergabepunkte für die BIM-Lieferungen in einem Interaktionsdiagramm festgelegt und die sich daraus ergebenen Genehmigungs-, Autorisierungs-, Prüfungs- und Freigabeprozesse festgelegt. In der folgenden Interaktionskarte werden die Rollen z. B. aus der Perspektive des BIM- Freigabeprozesses dargestellt.

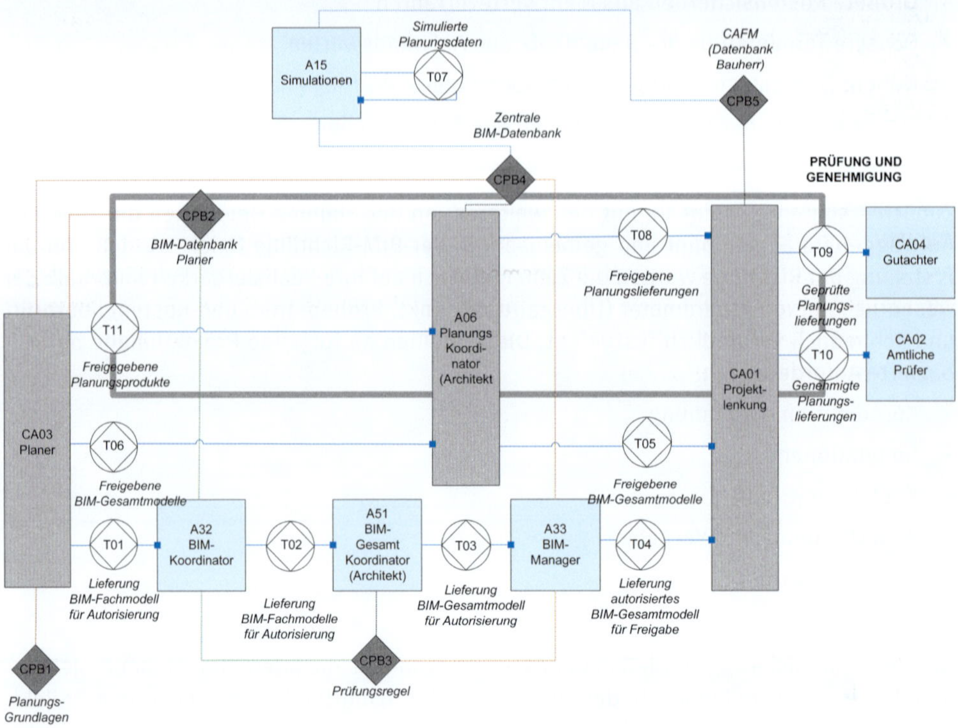

Abbildung 2

IDM-Interaktionsmodell

Die gesamten Beschreibungen von Rollen, Transaktionen, Lieferungen und Daten werden auf der Grundlage der IDM Part II-Systematik in einem Interaktionsmodell dargestellt. Das Interaktionsmodell ist nicht zu verwechseln mit einem Interaktionsdiagramm.

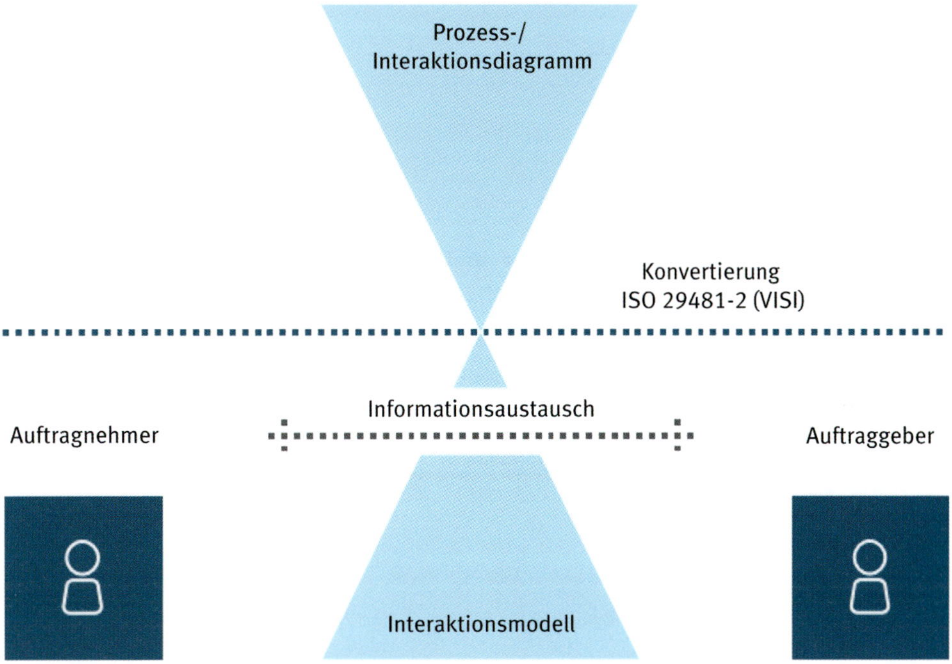

Abbildung 3: Von einem Interaktionsdiagramm zu einem Interaktionsmodell

Die IDM Part II-Systematik umfasst die Absprache bzw. Kommunikation, die in einem Projekt abläuft. Anhand eines Interaktionsmodells können die beschriebenen Lieferungen digitalisiert werden. Das heißt, dass mit einem kompatiblen Softwareprogramm die Lieferungen anhand von Berichten ausgetauscht und dokumentiert werden können. Die Lieferungen können auf diese Art und Weise kontrolliert, festgelegt und überprüft werden.

BEISPIEL

BIM-Lieferung L2 aus der Zieldefinition des AG

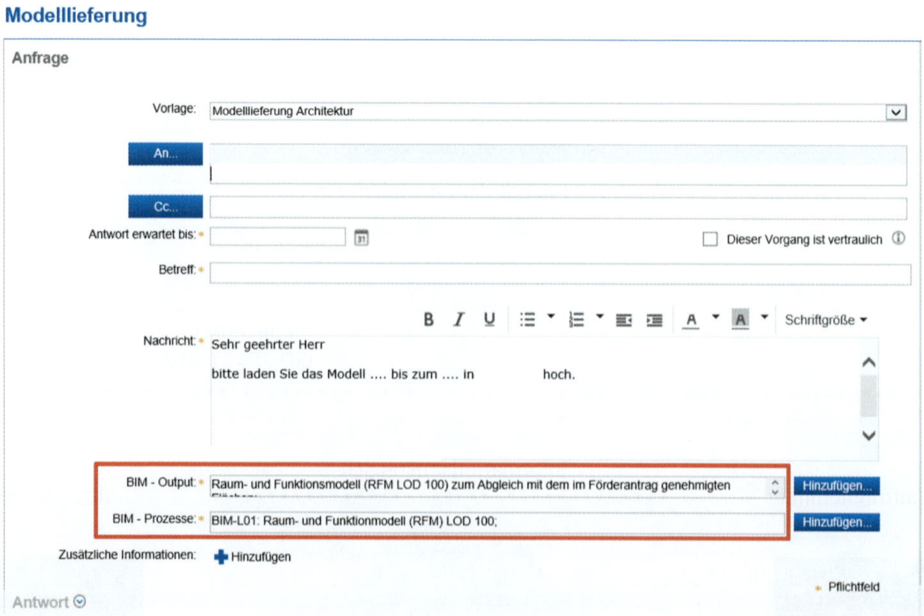

Abbildung 4

Die Dokumentation erfolgt in einem mit den Projektbeteiligten festgelegten, gemeinsamen Datenraum (CDE), der die Anforderungen an die in der Richtlinie geforderten Modellreifegrade darstellt.

Auszug an die Modellreifegrade aus der abgestimmten Richtlinie

1.1.6 Status der Modelle

Die BIM-Modelle werden im Projekt unterschiedliche Prozessstadien durchlaufen. Die in der Qualitätssicherung geprüften Modelle sind in unterschiedliche Reifegrade eingeteilt. Die Freigabeprozesse sowie deren jeweilige Verantwortlichkeit für die Lieferung und deren Freigabe regelt die IDM Spezifikation gem. 2.8.6. Dabei wird in folgende Reifegrade unterschieden:

In Arbeit:	Das Modell ist noch in der Bearbeitung des einzelnen Fachplaners, wird jedoch durch dessen Koordinator auf AN-Seite dem BIM Management auf AG-Seite als „Vorabzug“ zur Verfügung gestellt. Die „Vorabzüge“ sowie deren Qualität regelt die Richtlinie unter Punkt: 4 Modellqualitäten. Dieses Modell kann den übrigen Fachplanern als „Vorabzug“ zur Verfügung gestellt werden. Es erfüllt zum Zeitpunkt der Lieferung alle erforderlichen Inhalte der jeweiligen Übergabepunkte gem. dieser Richtlinie, kann aber in der Qualität noch geringe Defizite haben.

Die Umsetzung der geforderten Darstellung der Reifegrade ist damit für alle Beteiligten transparent und unterstützt die weitere Kommunikation und das Verständnis zu den Fragen „wer liefert was, wann, an wen?". Die Umstellung der Freigabeprozesse des AG von vormals planbasierten Lieferprozessen zu jetzt modellbasierten Freigabeprozessen stellt die größte Umstellung der Prozesse für die Projektbeteiligten dar. Dabei werden natürlich nicht die klassischen schriftlichen Freigaben der AGs ersetzt, sondern diese durch das Verständnis des AG über das Modell unterstützt. Als Ergebnis kann der AG die oben dargestellte, abstrakte Lieferung BIM L01 aus dem „RFM LOD 100" – Raum- und Funktionsmodell – verstehen und mit seinen Vorstellungen abgleichen. Dabei wurden die zuvor abgestimmten Raum- und Funktionsplanungen modellbasiert durch das BIM-Management auf AG-Seite geprüft.

BEISPIEL

Vorabzug der Lieferung BIM L01 im Reifegrad „in Arbeit"

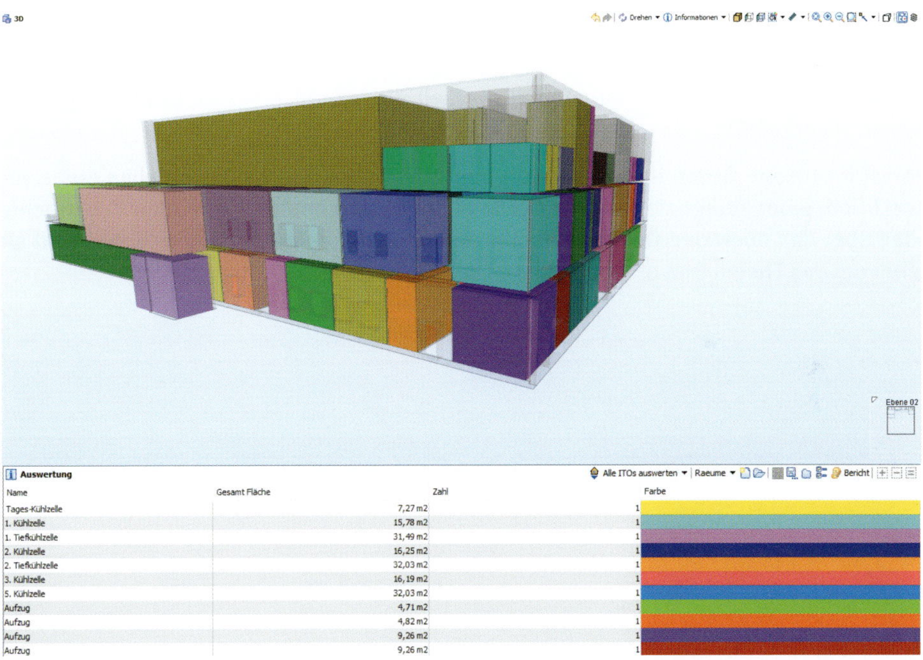

Abbildung 5

b) Erfahrungen

Aus der Sicht des BIM-Managements ist die Bildung von Teams, die modellbasierte Planungsprozesse unterstützen können, in der näheren und weiteren Zukunft die große Herausforderung. Die Bildung von neuen Team-Konstellationen auf AG-Seite, die die BIM-Methode schon beherrschen, trifft hierbei auf die Aufgabe, bereits erfolgreich mit dem AG arbeitende Teams projektbegleitend in der BIM-Methodik zu schulen. Durch die bisherigen Erfahrungen in Projekten sind beide Wege mit Vorteilen und Nachteilen verbunden, wobei sich allerdings die Mehrwerte schneller mit Teams realisieren lassen, die BIM-methodisch bereits erfahren sind.

Wir arbeiten an einem disziplinübergreifenden Qualitätssicherungssystem, das die Prozesse der Methodik beschreibt und diese in einem kontinuierlichen Verbesserungsprozess weiterentwickelt. Dadurch werden die Probleme und Fehler aus den Projekten und die entsprechenden Fallkonstellationen helfen, den Prozess transparenter und verständlicher zu machen. Dies wird zu einer breiteren Akzeptanz der Methode führen.

4 Ausblick

a) Heute und morgen

Building Information Modeling wird die Regel in zukünftigen Bauaufgaben sein. Eine frühe und intensive Beschäftigung mit diesem Thema und seine Anwendung in Projekten ist damit eigentlich unabdingbar. Jeder, der in Zukunft am Markt bestehen möchte, muss sich frühzeitig damit beschäftigen, denn bis die Prozesse und organisatorischen Rahmenbedingungen in einem Unternehmen verwurzelt sind, braucht es Zeit und ein gerüttelt Maß an „Lehrgeld“.

BIM ist für unsere Geschäftstätigkeit die zentrale Aufgabe, um die sich alles dreht. Jede Investition, jeder Personaleinsatz und jedes Projekt wird unter diesem Aspekt betrachtet. Jedes über das operative Geschäft hinausgehende Engagement dreht sich und wird sich weiter um das Thema BIM drehen. Es ist unser zentrales Geschäftsmodell!

Kurzvorstellung

Autor

Dr. Thomas Rühl

Leiter Grundlagen / Bautechnik bei DB Station & Service AG

Dr. Rühl studierte Physik an der Universität Gießen und an der TU Berlin. Seit 1996 ist Dr. Rühl bei der Deutschen Bahn tätig, unter anderem als Vorstandsassistent Forschung und Technologie, als Leiter Magnetschnellbahn und Leiter Bau- und Anlagenmanagement Regionalbereich Nord der DB Station&Service AG. Seit 2012 ist er in der Zentrale DB Station&Service AG unter anderem für Produktionsvorbereitung und -optimierung verantwortlich.

Unternehmen

DB Station&Service AG

Leistungen/Produkte

- Betreiber von Verkehrsanlagen/Bahnhöfen
- Bau-, Anlagen- und Portfoliomanagement
- Vertrieb, Vermietung

Mitarbeiterzahl

4950 (Stand 06/2016)

URL zum Unternehmen

http://www1.deutschebahn.com/sus-infoplattform/start/

1 Fokus Unternehmen

a) Auslöser

Auslöser für die Einführung der BIM-Methodik war, dass bei der DB Station&Service AG (DB S&S) jährlich bis zu 150 Verkehrsstationen (Vst) neu oder umgebaut werden. Hierbei wird jedes Projekt als Solitär behandelt. Bisher gab es zwar bereits Standardisierungen von Bauelementen auf Verkehrsstationen, aber noch keine durchgängige Standardisierung in der Planung. Jeder Ausschreibung war daher von Planungsbüro zu Planungsbüro unterschiedlich. Jedes Projekt war daher ein Solitär, mit entsprechenden Ineffizienzen. Ziel der DB Station&Service ist daher Standardisierung der Produktion.

DB S&S verfolgt folgende Ziele mit der BIM-Methodik:

- Erreichen von Kostensicherheit vor Ausschreibung der Bauleistung
- Erhöhung der Planungsqualität und Anwendung der Baustandards
- Digitale Übergabe definierter Daten in Betrieb und Instandhaltung
- Steigerung der Effizienz der Projektabwicklung
- Unterstützung der Öffentlichkeitsbeteiligung

Die Ziele sind definiert und werden sukzessive in den Projekten umgesetzt.

b) Einfluss auf Geschäftsmodell

Die Einführung der BIM-Methodik ist Teil der Konzernstrategie zur Digitalisierung im DB Konzern.

Es wird eine Effizienzsteigerung in der Produktion erwartet, weniger Fehlerkosten und geringere Durchlaufzeiten.

Die digitale Übergabe der Daten führt zu einer reibungsloseren Übergabe der Daten in den Betrieb.

Als Risiko gilt der Faktor Mensch sowie die Umsetzungszeit. Das Risiko wird nur darin gesehen, inwieweit die geplante Migrationsgeschwindigkeit eingehalten werden kann, da eine Vielzahl von Projektbeteiligten sich mit den neuen Methoden und Werkzeugen identifizieren müssen.

c) Einrichten von Rahmenbedingungen

In der Stufe 1 der Einführung wurden Ziele, Anwendungsfelder und ein Einführungsplan definiert. Vom Vorstand der DB S&S wurde im Juli 2015 ein Grundsatzbeschluss getroffen. Seit diesem Beschluss wird federführend durch ein BIM-Kernteam an der Umsetzung der Handlungsfelder Strategie, BIM-Anwendung, Prozesse und Richtlinien, Informationen und Daten, Infrastruktur (IT) sowie Mensch gearbeitet.

Hierzu wurde ein Maßnahmenkatalog in Form eines Implementierungskonzeptes auf der Informationsplattform der DB Station&Service AG veröffentlicht (http://www1.deutschebahn.com/sus-infoplattform/Vorgaben_zu_Anwendung_der_BIM-Methodik.html).

Das Implementierungskonzept dokumentiert den aktuellen Sachstand sowie alle erforderlichen Maßnahmen des Projektes zur Einführung der BIM-Methodik. Die Maßnahmen sind gegliedert nach den Themenfeldern des Reifegradmodells, das einen umfassenden Überblick über den Stand der Einführung von neuen Methoden in ein Unternehmen aufzeigt. Zu diesen Maßnahmen gehören die Kategorien Strategie, BIM-Anwendung, Prozesse und Richtlinien, Informationen und Daten sowie IT-Infrastruktur.

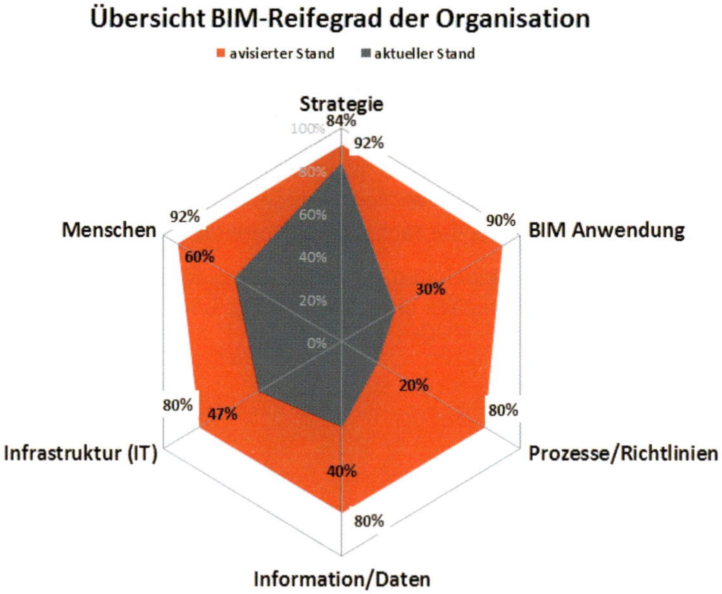

Abbildung 1: Reifegradmodell der DB Station&Service AG (Stand Februar 2017)

Wesentlicher Erfolgsfaktor ist, dass Workshops in allen betroffenen Abteilungen durchgeführt wurden und die Pilotprojekte sehr eng durch das BIM-Kernteam begleitet werden.

d) Anwendungsfälle

Als wichtigste Anwendungsfelder sehen wir folgende:

- Verbesserung der Planung durch Kollisionsfreiheit und das Bestandsmodell
- Visualisierung zur Verbesserung von Genehmigungsverfahren und Erleichterung von Variantenentscheidungen
- Nutzung von Baustandards
- Übergabe digitaler Daten in die Instandhaltungssysteme und in das Archiv.

In der ersten Stufe der Umsetzung hat sich die DB S&S auf diese Anwendungsfelder konzentriert.

In der zweiten Stufe sollen unter anderem Abnahmeprozess, Bauabrechnungen und die Anwendung im Betrieb als Anwendungsfälle ergänzt werden.

Unklar aus heutiger Sicht ist die Anwendung im Betrieb, da es dort gewachsene Systeme und Prozesse gibt, für die die Verknüpfung und Anwendbarkeit noch zu klären sind.

Die einfach zu erschließenden Anwendungsfelder liegen in der Planung, da hier die benötigten Werkzeuge nahezu durchgängig vorhanden sind und „nur" das neuartige Zusammenwirken der Projektbeteiligten zu „üben" ist.

e) Mitarbeiter

Als wirklich wesentliche Neuerung aus Sicht des Auftraggebers wird in der Migrationsphase der BIM-Berater gesehen, der die Projekte in der Anfangsphase des Projektes unterstützt. In Großprojekten wird zusätzlich noch die Rolle eines Datenmanagers/IT-Spezialisten benötigt. Aus Sicht des Planers wird für das Zusammenführen der Fachgewerke ein BIM-Koordinator benötigt, der das Zusammenspielen der Fachplanungen aus unterschiedlicher Software beherrscht. Dazu ist Wissen bzgl. der Kollaborationssoftware und der Schnittstellen der Softwareprodukte der Fachplaner erforderlich.

Wirklich wesentliche neue Rollen gibt es neben den o.g. aus unserer Sicht nicht. Wichtig ist aber, dass alle den Stand der Technik nutzen und eine umfangreiche Kommunikation zwischen den Projektbeteiligten stattfindet.

2 Fokus Projektabwicklung

a) Mehrwerte

Im Fokus steht, dass die Planungsqualität so gut ist, dass keine Nachträge entstehen, um Kosten und Zeit zu sparen. In den geplanten nächsten Phasen zur Einführung der BIM-Methodik wie der Nutzung einer gemeinsamen Projektkommunikationsplattform und der weiteren Digitalisierung der Planungsprozesse, die über die BIM-Vorgaben hinausgehen, wird eine weitere erhebliche Effizienzsteigerung erwartet.

b) Prozesse

Mit dem Prozess der Standardisierung zur Qualitätsverbesserung der Planung werden Mehrwerte erzielt.

Ein wesentlicher Erfolgsfaktor ist, dass der AG eine digitale Bauteilbibliothek, standardisierte Leistungsbeschreibungen, die Verknüpfung von CAD und Ausschreibungssoftware sowie standardisierte Leistungsverzeichnisse zur Verfügung stellt.

Bei der DB S&S gibt es seit 2012 ein internes Projekt zur Standardisierung im Baubereich. 2015 wurde ein Beschluss zur Einführung der BIM-Methodik verabschiedet, parallel erfolgte die Einführung von iTWO im DB Konzern und ab 2017 wird eine Projektkommunikationsplattform für alle Projekte eingeführt.

Der Unterschied zu herkömmlichen Projekten liegt darin, dass der Planung vor dem Projekt erheblich mehr Aufmerksamkeit geschenkt wird. Zudem kann durch den Zugriff aller Projektbeteiligten auf denselben Datenstand eine frühzeitige Fehlererkennung erfolgen.

c) Risiken und Verbesserung

Der größte Risikofaktor ist der Faktor Mensch, der sich den neuen Methoden öffnen muss.

Ein Risiko kann sein, dass nicht genügend Ressourcen vorhanden sind, die bereits in der Anwendung der Methoden ausreichend geschult sind.

Handlungsbedarf besteht darin, Mitarbeiter ausreichend zu schulen, die Verknüpfung von Softwarelösungen zu verbessern, den Datenaustausch zwischen den Werkzeugen der Planungsgewerke zu optimieren und die Spezialisierung auf die Infrastruktur zu verbessern.

Verträge mit Auftragnehmern und die Ausbildung eigener Mitarbeiter werden so gestaltet, dass das Risiko minimiert wird.

d) Projektpartner und Auftraggeber

Durch umfangreiche Präsentation der BIM-Methode bei allen Projektpartnern, Schreiben an die präqualifizierten Planungsbüros der DB, Schulung externer und interner Planer, Durchführung von regelmäßigen Jours fixes und Fachtagungen, Fachbeiträge in Zeitschriften und Büchern werden die Projektpartner informiert und geschult.

3 Fokus Projekt

a) BIM-Projekt

Die DB Station&Service AG befasst sich als Infrastrukturunternehmen und Betreiber von Verkehrsstationen bereits seit 2011 intensiv mit der BIM-Methodik. Als erster digital geplanter und gebauter Bahnhof der Deutschen Bahn AG wurde der Turmbahnhof Werbig (Brandenburg) am 16.11.2015 in Betrieb genommen. Nur rd. 1,5 Jahre lagen zwischen Projektstart und Inbetriebnahme. Das Projekt wurde im geplanten Kostenrahmen und mit hoher Qualität realisiert.

Das Projekt startete im Frühjahr 2014 und die Aufgabenstellung umfasste folgende Punkte:

- Neubau von 2 Außenbahnsteigen
- Erneuerung der Ausstattung
- Erneuerung der Zuwegung

Begonnen wurde mit einer Bestandserfassung des gesamten Bahnhofs, welcher neben der herkömmlichen Vermessung mit einem Oktokopter beflogen wurde. Anschließend wurde aus den erfassten Daten ein Bestandsmodell erstellt.

Abbildung 2: Punktwolke aus Befliegung

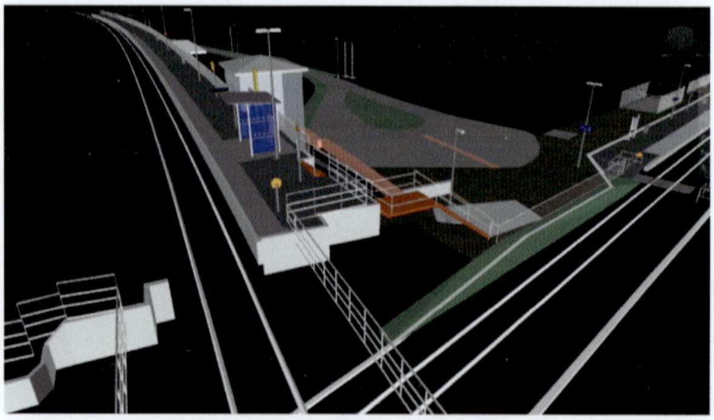

Abbildung 3: Bestandsmodell in Revit

Abbildung 4: Punktwolke mit Bestandsmodell

Die Planung erfolgte durch einen Generalplaner unter Anwendung der Baustandards und des teilautomatisierten Planens. Wichtig ist hier auch die Zusammenarbeit zwischen den Projektbeteiligten.

Abbildung 5: Planungsmodell in Revit Autodesk

Nach Fertigstellung des Planungsmodelles wurde dieses an die Baufirma übergeben, welche anhand des Modells den Bau umgesetzt hat. Nach Bauende wurde durch die Baufirma ein As-built-Modell erstellt und an den Bauherren übergeben.

Somit lässt sich der Prozess der DB S&S beim Bauen im Bestand wie folgt abbilden:

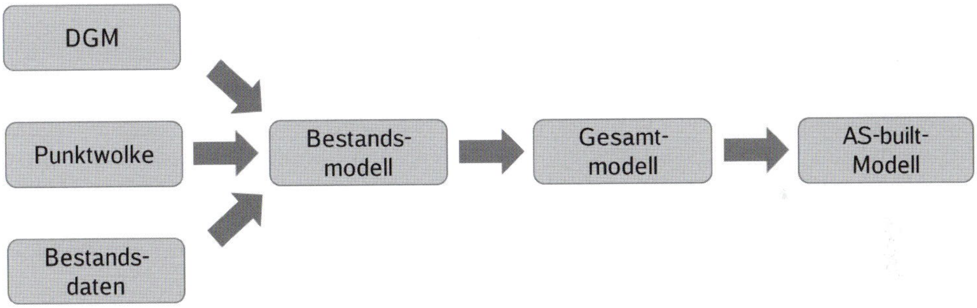

Abbildung 6: Prozess zur Modellierung

DGM, Punktwolke und Bestandsdaten sind die Grundlage zur Erstellung des Bestandsmodells. Das Gesamtmodell wird aus den Fachmodellen zusammengeführt und stellt das gesamte Bauwerk innerhalb der Planungsgrenzen dar. Als Grundlage dient das Bestandsmodell. Mit der Bauausführung wird das Gesamtmodell durch den AN-Bau zum As-built-Modell.

Ein wesentlicher Unterschied zur heutigen Planungsmethode ist, dass alle Projektbeteiligten wie u.a. Planer, Gutachter, Bauüberwacher, Baufirma etc. an einem digitalen Modell arbeiten. Es gilt, erst digital und dann real zu bauen.

Abbildung 7: erst digital

Abbildung 8: dann real

Zur Abwicklung gibt es entsprechende Vorgaben in den BIM-Vorgaben, die dann durch den AN-Planung im Rahmen der Erstellung und Fortschreibung des Projektabwicklungsplans zu ergänzen sind.

b) Erfahrungen

- Die Anwendung der BIM-Methodik führt zu flüssigerem Projektablauf und damit zu Vorteilen bei allen Projektbeteiligten
- Die BIM-Methodik zwingt den Planer zu einer umfassenden Beschäftigung mit dem Bestand
- Der Bauherr muss klar das erwartete, digitale Ergebnis formulieren
- Anwendungsfelder sind projektspezifisch festzulegen
- Software zur Umsetzung ist auf dem Markt vorhanden. Das Zusammenspielen der Gewerke ist zu „üben“. Unlösbares wurde in den Piloten nicht entdeckt.
- Learning by Doing ist förderlicher als alle Theorie

Die Erfahrungen sind weiterentwickelt worden und in die BIM-Vorgaben für kleine und mittlere Verkehrsstationen eingeflossen. Diese werden anhand der laufenden Projekte weiterentwickelt und liegen derzeit bereits in der Version 2.1 vor.

http://www1.deutschebahn.com/sus-infoplattform/Vorgaben_zu_Anwendung_der_BIM-Methodik.html

4 Ausblick

a) Heute und morgen

Heute dient die BIM-Methodik der Steigerung der Qualität, Verlässlichkeit und Effizienz in der Planung sowie der Übergabe von Daten in den Betrieb.

Morgen wird anhand der BIM-Methodik die Anwendung im Betrieb optimiert und das Bauen effizienter.

Durch optimierte Bauablaufplanungen kann das Bauen im Betrieb so optimiert werden, dass der Betrieb weniger beeinflusst wird.

Kurzvorstellung

Autoren

Dr. Kai Oberste-Ufer

Dr. Kai Oberste-Ufer studierte Bauingenieurwesen an der Ruhr-Universität Bochum und promovierte im Rahmen eines europäischen Forschungsprojektes an der Ruhr-Uni Bochum. Nach einem Forschungsaufenthalt an der Princeton University trat er im Jahre 2010 bei dormakaba ein und war dort für die Entwicklung und Umsetzung der unternehmensweiten BIM-Strategie bis 2015 verantwortlich.

Als Leiter Strategischer Service im Segment Movable Walls ist Herr Dr. Oberste-Ufer seit 2016 mit unterschiedlichen Themen aus den Bereichen Konfiguratoren, BIM und CRM betraut. Seit 2013 ist Herr Dr. Oberste-Ufer Mitglied des buildingSMART und aktiv in unterschiedlichen Arbeitsgruppen und Projekten zum Thema BIM und digitale Planung.

Andreas Vehreschild

Andreas Vehreschild ist 42 Jahre alt und Deputy Vice President Marketing in D-A-CH.

Nach seinem Wirtschaftsinformatik-Studium in 2004 hat er im Bereich eBusiness internationale Projekte bei DORMA durchgeführt.

Von 2007–2011 leitete er die IT-Abteilung der DORMA Automatic und übernahm 2011 die Leitung eBusiness in Deutschland.

2013 wechselte er in den Vertrieb und leitet den Vertriebsinnendienst in Deutschland.

Seit 2016 ist er nach dem Zusammenschluss von DORMA & Kaba im Bereich Marketing verantwortlich für alle digitalen Themen in D-A-CH. Dazu gehören neben BIM auch Expertensysteme wie Konfiguratoren, eCommerce-Themen sowie das gesamte Master-Data Management (PIM, MDG) der heutigen dormakaba.

Unternehmen

dormakaba Group

Leistungen/Produkte

Door Hardware, Entrance Systems, Electronic Access & Data, Master Key Systems, Lodging Systems, Safe Locks, Interior Glass Systems, Moveable Walls, Key Systems, Services

Mitarbeiterzahl

ca. 16 000

URL zum Unternehmen

www.dormakaba.com

1 Fokus Unternehmen

a) Auslöser

Seit Ende 2012 beschäftigt man sich gezielt mit dem Thema Building Information Modeling. Es wurden erste Aktivitäten mit dem Ziel gestartet, Erfahrungen zu BIM zu sammeln und auszuloten, wie zukünftig BIM im Unternehmen eingesetzt werden kann. Man hatte erkannt, dass BIM einen Einfluss auf die Art und Weise haben wird, wie Planung am Bau zukünftig ablaufen wird, und auch das Potenzial besitzt, Prozesse zwischen Kunde und Unternehmen zu verändern.

Im Rahmen eines Pilotprojektes wurden daher BIM-Objekte für die etablierten Softwaresysteme erstellt. Aus jedem Produktsegment wurde jeweils ein Produkt als BIM-Objekt umgesetzt. Die Umsetzung übertrug man damals einem externen Dienstleister, der auch das Hosting der Objekte übernahm und über eine Plattform im Internet die Objekte zum Download anbot. Die eigene Webseite war zum damaligen Zeitpunkt nicht ausreichend auf die Anforderungen hinsichtlich Download und Auswertung ausgerichtet.

Rückblickend kann man sagen, dass die Pilotphase erfolgreich und notwendig war. Heute liegen aber die Schwerpunkte anders. Standen anfangs noch der Aspekt des Marketings sowie das Ausloten der Möglichkeiten von BIM im Fokus, ist man heute dabei, die Technologie in bestehende Geschäftsprozess zu integrieren oder diese anzupassen. BIM ist heute fester Bestandteil der digitalen Strategie des Unternehmens.

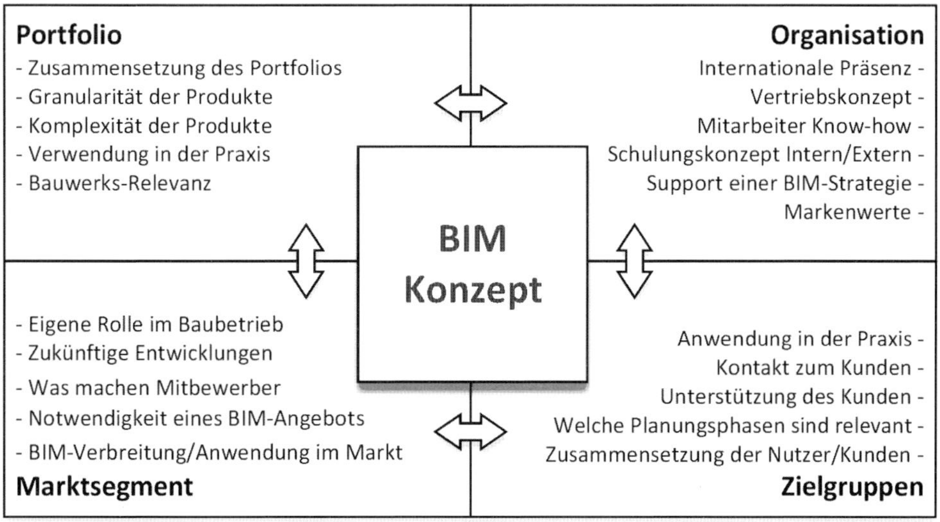

Abbildung 1: Herausforderungen bzw. Einflüsse auf die Konzeption einer unternehmensweiten BIM-Strategie. Die einzelnen Teilbereiche können nicht losgelöst betrachtet werden, sondern beeinflussen sich gegenseitig.

b) Einfluss auf Geschäftsmodell

BIM bietet in erster Linie zwei große Potenziale für einen Hersteller von Bauprodukten:

- Zum einen ist es durch die Bereitstellung digitaler Produktinformationen möglich geworden, den Kunden direkter, schneller und vor allem gezielter bei seiner Planung zu unterstützen.
- Zum anderen wird es durch die Digitalisierung möglich, den Kunden viel stärker in die eigenen Geschäftsprozesse zu integrieren.

Intelligente BIM-Objekte erlauben es, dass der Planer in weiten Teilen auch ohne Unterstützung des Unternehmens und ohne tiefgehendes Produktwissen komplexe Situationen planen kann. Die Festlegung der technischen Randbedingungen in den Objekten verhindert dabei eine Fehlplanung. Auch sind BIM-Objekte eine Art der 3D-Kommunikation. Gerade bei komplexen Produkten (wie beispielsweise Karusselltüren oder mobilen Trennwänden) kann das Produkt mittels 3D-Modellen besser erklärt werden. Probleme, die durch Missverständnisse in der Funktionsweise oder in der Verwendung der Produkte entstehen, können so reduziert werden.

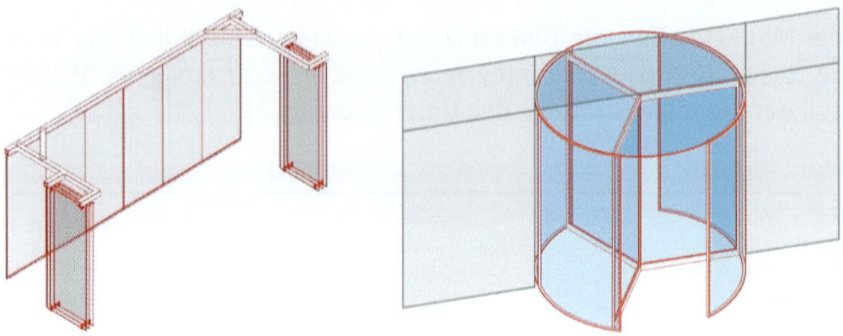

Abbildung 2: Bewegliche Glastrennwände oder Karusselltüren sind Beispiele für komplexe Produkte von dormakaba. Die BIM-Objekte müssen die Komplexität entsprechend abbilden.

Das weit größere Potenzial liegt aus unserer Sicht aber in der Integration des Kunden in die eigenen Geschäftsprozesse mittels BIM. Durch die Verknüpfung von BIM (Objekten) mit anderen Prozessen und Technologien entstehen neue Möglichkeiten der Kommunikation und Kollaboration.

Es ist beispielsweise denkbar, das BIM-Modell nur als ersten Schritt einer Planung beim Kunden zu betrachten. Verbindet man das BIM-Modell mit z.B. einem Online-Produktkonfigurator – ähnlich den Konfiguratoren bei den Automobilherstellern –, kann eine Planung online fortgesetzt und detaillierter ausgearbeitet werden. Von hier ist es dann ein technologisch kleiner Schritt zu einer Online-Bestellung oder der Online-Beratung durch einen Fachexperten. So lassen sich dann auch individuelle BIM-Objekte realisieren und Informationen zu Preisen, Lieferzeiten etc. können in Echtzeit zur Verfügung gestellt werden.

Im Zeitalter der digitalen Transformation und Industrie 4.0 ist BIM das Ergebnis einer erfolgreichen digitalen Gesamtstrategie. Nach dem Motto „Schnell ist das neue Groß" werden nur die Organisationen zukünftig erfolgreich sein, die Informationen zeitnah und direkt zur Verfügung stellen. Wenn die Organisation und der digitale Reifegrad eines Unternehmens sich aber nicht mitentwickeln, bleibt der langfristige Erfolg zweifelhaft.

c) Einrichten von Rahmenbedingungen

Die Einführung einer unternehmensweiten BIM-Strategie bedeutet mehr als nur die Beherrschung von Technologie und die Identifikation geeigneter Produkte und Zielgruppen. Es musste auf allen Ebenen das Bewusstsein für das Thema geschaffen werden. Sowohl beim Vertrieb als auch auf Ebene des Managements gab (und gibt) es Schulungsbedarf.

Es wurde daher eine Innovationsgruppe („DK Innovation Group") zur digitalen Planung aufgebaut. Nicht für die Umsetzung oder als Kontrollmechanismus, sondern als Kompetenz-Netzwerk, das Antworten auf aktuelle Fragen entwickelt, die Partner vernetzt und als Berater im eigenen Unternehmen „Best Practices" aus allen Ländern aufnimmt und weitergibt.

Es wurden zudem ein System von Online-Schulungen entwickelt und die Inhalte gezielt auf die Zielgruppen angepasst. Die Schulungen waren bewusst einfach gehalten ohne zu viel technischen Bezug. Gerade die Mitarbeiter im Außendienst sollten mit dem Kunden über das Thema sprechen und Fragen bzgl. der BIM-Unterstützung beantworten können.

Koordiniert werden alle Aktivitäten von einer zentralen Stelle. Deren Aufgabe ist es, das Thema zu kommunizieren, die Mitarbeiter zu schulen und bei der Umsetzung in den jeweiligen Märkten zu unterstützen. Um Modelle anzupassen, hat man Kompetenz im eigenen Hause oder externe Dienstleister genutzt.

Wurde zu Beginn BIM mehr als Projekt gesehen, so fand im Laufe der Zeit ein Umdenken statt. BIM wurde mehr integrativer Baustein im gesamten Produktlebenszyklus. Heute wird bereits bei Planung neuer Produkte an die Unterstützung des BIM-Planungsprozesses gedacht und Produktinformationen werden viel stärker auf ihre Nutzung in digitalen Prozessen optimiert. Der zentrale Ansatz hat sich bewährt. Allerdings ist man heute dazu übergegangen, den einzelnen Ländern noch mehr Kompetenz zu geben, was die individuellen BIM-Aktivitäten angeht.

d) Anwendungsfälle

Der offensichtliche Anwendungsfall für einen Hersteller ist die Erstellung von BIM-Objekten für das eigene Produktportfolio. Hier reichen oftmals schon die vorhandenen Dokumente als Grundlage aus und wenn man mit externen Partnern arbeitet, sind die Anforderungen an die Mitarbeiter bzgl. BIM noch überschaubar.

Komplexer wird es, wenn man den Kunden konkret bei einem Bauvorhaben mit BIM unterstützen möchte bzw. wenn der Kunde eine Unterstützung anfordert. Dies kann z.B. bedeuten, dass

- man bestehende (Standard-)Objekte der eigenen Produkte individualisiert und an die Anforderungen des Kunden anpasst oder

- neue Objekte für noch fehlende Produkte erstellt
- oder gemeinsam mit dem Kunden in einem 3D-BIM-Modell Lösungen erarbeiten muss.

Für diese Services müssen die eigenen Mitarbeiter besonders fit im Thema BIM sein und auch die unterschiedlichen Softwaresysteme beherrschen. Die Mitarbeiter müssen daher geschult werden, so dass sie in der Lage sind, für den Kunden Modelle anzupassen.

Bei allen Anwendungsfällen spielen für den Erfolg aus unserer Sicht insbesondere die Flexibilität und Agilität des Unternehmens eine entscheidende Rolle. Die Digitalisierung hat zu einer hohen Geschwindigkeit geführt, mit der neue Techniken und Ideen entstehen (und vergehen). Mit starren Strukturen und festen Abläufen kann man in diesem Bereich nicht mehr mithalten.

e) Mitarbeiter

Oftmals wird die Digitalisierung von den Mitarbeitern als Gefahr für den eigenen Arbeitsplatz angesehen. Schaut man sich nur die Entwicklungen in anderen Branchen an, so liegt es nahe, dass auch in der Bauindustrie zukünftig Arbeitsplätze durch Optimierungen der digitalen Wertschöpfungskette entfallen werden. Dies trifft unserer Ansicht nach aber nicht auf den Bereich der BIM-basierten Dienstleistungen zu. Ganz im Gegenteil.

Insbesondere für Mitarbeiter in der Konstruktion und im Vertrieb bietet BIM eine Chance für die Zukunft. Die Schulung neuer Software ist dabei nur der erste Schritt. Wichtig ist, dass man Mitarbeiter findet, die offen für neue Technologien sind, und ihnen dann auch die Zeit gibt, sich in die neue Arbeitsweise einzufinden. Zudem muss ein Verständnis für die sich ändernden Arbeitsweisen beim Kunden entwickelt werden.

Die Schwerpunkte der Arbeit werden sich in Zukunft verschieben. Viele Planungssituationen können durch BIM zukünftig direkt durch den Kunden umgesetzt werden. Die Planungsabteilungen werden sich auf die Ausarbeitung komplexer Lösungen und auf die Bereitstellung von Daten konzentrieren.

Um zukunftsfähig zu bleiben, ist langfristig aber die berufliche bzw. universitäre Ausbildung stärker gefordert. Zertifizierte Weiterbildungen im Bereich BIM sind hier ein guter Anfang.

2 Fokus Projektabwicklung

a) Mehrwerte

Die Unterstützung unserer Kunden in aktuellen BIM-Projekten konzentriert sich aktuell zumeist auf zwei Bereiche: Die Bereitstellung von Produktinformationen in Form von BIM-Objekten und als Datenblatt (PDT) sowie die projekt- und kundenspezifische Erstellung von BIM-Inhalten.

BIM-Objekte unserer Produkte sind vorhanden und können von unseren Kunden heruntergeladen werden. In vielen Fällen sind die in den Modellen enthaltenen Produktinformationen für den Planungs- und Ausführungsprozess ausreichend. In Kombination mit den klassischen Planungshilfen wie CAD oder Broschüren kann eine Planung durchgeführt werden. Aber nicht jede Designidee ist so abbildbar. In manchen Situationen wird projektbezogen unterstützt.

Gerade die BIM-Objekte von Produkten, die sehr viele Freiheitsgrade besitzen und individuell konstruiert werden, sind in manchen Situationen nicht ausreichend. Dies trifft auch auf Lösungen zu, die aus mehreren Produkten zusammengesetzt sind (Beispiel Tür mit Beschlägen und technischer Ausrüstung). In solchen Fällen werden bestehende BIM-Objekte angepasst oder neu erstellt.

Die individuelle Modellerstellung ist eine Form der digitalen Zusammenarbeit, stellt jedoch nur den ersten Schritt in Richtung eines gemeinsamen Planungsprozesses dar. Effektive Planungsunterstützung wird zukünftig bedeuten, dem Kunden in Echtzeit individuelle Produktlösungen für seine Systeme zu liefern, technische und kaufmännische Details zeitnah zur Verfügung zu stellen und teilweise Fachplanung für ihn zu leisten. Dies alles direkt, online und integriert in seine Planungssoftware.

In manchen Bereichen wird bereits so gearbeitet. Beispielsweise sind bereits Tools für die BIM-basierte Planung von Türlösungen im Einsatz. Der Planer arbeitet in seiner BIM-Software und schickt daraus Online-Daten (Türliste) zum Fachplaner. Dieser erarbeitet eine Lösung und sendet die Daten in digitaler Form zurück zum Kunden. Hier können die Daten dann in das Gebäudemodell integriert werden. Dies alles erfolgt online, ohne Medienbruch und zeitnah.

b) Prozesse

Bezogen auf das Thema BIM sind in erster Linie zwei Arten von Prozessen relevant: interne und externe Prozesse.

Die Definition interner BIM-Prozesse ist notwendig, um effektiv Produktdaten und BIM-Objekte dem Kunden zur Verfügung zu stellen. Schon bei der Neueinführung von Produkten wird berücksichtigt, dass Daten und Modelle für den BIM-Planungsprozess erzeugt werden. Der bestehende Produkteinführungsprozess wurde an dieser Stelle um die notwendigen Schritte ergänzt.

Genauso wie die echten Produkte, verändern sich im Laufe der Zeit auch die BIM-Objekte. Produkte werden weiterentwickelt, laufen aus oder enthalten neue Funktionen, die bisher noch nicht im BIM-Modell umgesetzt wurden.

Die Definition eines Entwicklungsprozesses und Festlegung von Verantwortlichkeiten half hier, die Modelle stets an die aktuellen Anforderungen anzupassen. Im Prozess wird z.B. festgelegt:

- Wer neue Modelle erstellt oder bestehende anpasst.
- Wie Informationen über Produktänderungen kommuniziert werden.
- Welche Daten und Funktionen die Modelle enthalten sollen.

Durch die Festlegung effizienter interner Abläufe konnte sichergestellt werden, dass sich das digitale Portfolio stets auf Augenhöhe mit dem realen Portfolio befindet und Anforderungen seitens der Kunden oder bei Änderungen am Produkt zeitnah in das Angebot einfließen können.

Ergänzend dazu stehen die externen Prozesse, die durch den Kunden ausgelöst werden und deren Ergebnisse durch den Kunden verarbeitet werden. Ein Beispiel sind Anfragen von Kunden für individuelle BIM-Objekte, die Planungsunterstützung in konkreten Projekten oder die Anforderung fehlender Produktinformationen. Bei der Festlegung dieser Prozesse ist wichtig, dass diese auch im Tagesgeschäft stabil laufen und der Kunde zeitnah unterstützt werden kann.

	Interne Prozesse	Externe Prozesse
Auslöser	– Bedarf vom Markt – Technologieentwicklung	– Anfrage durch den Kunden
Nutzung des Ergebnisses	– Unspezifisch – Zeitpunkt nicht bestimmbar	– Kunde im konkreten Projekt
Mehrwert Kunde	– Planungsdaten und Produktinformation	– Zeitnahe Unterstützung im Projekt – Direkter Zugriff auf Daten
Mehrwert Unternehmen	– Gewinnung von Erfahrung mit neuen Technologien – Einsicht Marktanforderungen – Optimierung der eigenen Datenverwaltung	– Aufbau/Stärkung von Kundenbeziehungen – Wettbewerbsvorteil
Kritischer Faktor	– Qualität der Daten und Modelle	– Dauer/Zeit der Unterstützung

In allen Fällen ist die Vorbereitung der Abläufe für den Erfolg sehr wichtig. Sämtliche Fachabteilungen, IT und Marketing müssen frühzeitig ins Boot geholt werden. Man muss das Silodenken an dieser Stelle aufbrechen und Input aus allen Bereichen ins Projekt einbeziehen.

c) Risiken und Verbesserung

Die Risiken für einen Hersteller beim Thema BIM bestehen darin, sich zu sehr auf die Technologie zu konzentrieren und die Anforderungen der Kunden aus den Augen zu verlieren.

BIM ist ein spannendes Betätigungsfeld. In Verbindung mit moderner IT-Infrastruktur sind digitale Werkzeuge möglich geworden, die vor Jahren noch nicht realisierbar waren. Hier muss aufgepasst werden, dass man das Ziel, den Kunden effektiv zu unterstützen, nicht aus den Augen verliert.

Gerade in großen, international aufgestellten Unternehmen liegt zudem ein Risiko darin, dass das Thema BIM an verschiedenen Stellen unterschiedlich behandelt wird. Zwar muss es Anpassungen an lokale Bedürfnisse, Regularien und Kunden geben. Jedoch muss vermieden werden, dass Produkte mehrfach mit unterschiedlichen Merkmalen abgebildet werden (Beispiel: BIM-Objekt aus Deutschland sieht anders aus und hat andere Daten als das BIM-Objekt desselben Produktes in den USA).

Ein weiteres Risiko liegt in dem Technologiewandel selber. Die Digitalisierung schafft neue Möglichkeiten, wie ich als Unternehmen zukünftig Geld verdienen kann. Wird zukünftig auch der Verkauf von Waren das Hauptgeschäft sein? Oder werden digitale Dienstleistungen Teil meiner Tätigkeit? Dies zu beantworten, ist schwer und hängt auch immer vom individuellen Umfeld ab. Den Trend zu ignorieren, ist aber ein Risiko, das Konsequenzen für die zukünftige Entwicklung des Unternehmens haben kann (Stichwort „Disruptive Geschäftsmodelle").

Um den Risiken erfolgreich begegnen zu können, wurde das Thema BIM bei dormakaba – zumindest teilweise – zentral über die Gründung einer „DK Innovation Group" (siehe Abschnitt 1 c)) organisiert. Dadurch, dass es eine Stelle gibt, an der alle Informationen zusammenlaufen, kann man frühzeitig Stimmungen, Trends und Marktanforderungen aufnehmen und entsprechend reagieren. Leitfäden, Handlungsanweisungen und die Definition technischer Randbedingungen, die Rahmenbedingungen abstecken, Verantwortlichkeiten definieren und auch die technische Umsetzung regeln, helfen an dieser Stelle.

d) Projektpartner und Auftraggeber

Die Projektpartner sind je nach Phase unterschiedlich. Bei der Planung ist es der Architekt, später evtl. der ausführende Betrieb oder das Facility Management. Auch Zulieferer sind für uns Projektpartner.

In der Planungs- und Beratungsphase sind unsere BIM-Daten und Modelle eine ideale Ergänzung (bzw. Ersatz) zu klassischen Informationsmitteln wie Broschüren oder CAD-Zeichnungen. Überzeugungsarbeit muss hier nicht geleistet werden. Werden BIM-Daten gefordert, können wir dank definierter Prozesse entsprechende Informationen liefern.

Mit uns kann man auf Augenhöhe über das Thema BIM sprechen und wir wollen die Daten anbieten, die der Markt bzw. der Kunde fordert. Wir möchten dem Kunden einen Weg aufzeigen, wie Planung effektiv umgesetzt werden kann und wie wir als Partner zum wirtschaftlichen Erfolg des Projektes beitragen können.

Für die Zusammenarbeit mit Zulieferern sind in erster Linie die Daten von Bedeutung. Effizienz bedeutet hier, einen durchgängigen Beschaffungsprozess zu etablieren, bei dem die Daten – zumindest zum Teil – aus dem BIM-Planungsprozess stammen. Elektronische Schnittstellen existieren bereits, aktuell liegt die Herausforderung darin, die Daten von der Planung in die Fertigung zu übernehmen.

3 Fokus Projekt

a) BIM-Projekt

Die Rolle, die dormakaba in einem BIM-Projekt einnimmt, lässt sich nicht pauschal beantworten. Je nach Produktsegment und Land schwankt die Unterstützung stark. Teilweise reichen unsere Modelle, die wir zum freien Download anbieten, aus. Teilweise leisten wir individuelle, projektbezogene Unterstützung. In manchen Fällen (z. B. im Bereich Door Hardware) erstellen wir in Zusammenarbeit mit dem Kunden eine gesamte Planung auf Basis von BIM.

Als Anbieter von Zutrittslösungen konzentrieren wir uns dabei aber stets auf das System „Tür" als Ganzes und versuchen BIM-Lösungen anzubieten, die sich nicht auf ein Produkt konzentrieren, sondern das System in den Vordergrund stellen. Daher haben wir beispielsweise eine „Generische Tür" mit BIM entwickelt, die alle relevanten (Beschlags)-Komponenten enthält und dem Planer die Freiheit gibt, seine Anforderungen und Ideen bei der BIM-Planung umzusetzen, ohne spezifisches Fachwissen zu allen Bereichen der Türplanung anwenden zu müssen.

Die Zukunft für einen Produkthersteller beim Thema BIM liegt aber in der Projektabwicklung; in der individuellen Unterstützung des Kunden bei der Realisation seiner Ideen. Bauvorhaben sind teilweise sehr komplex und BIM bietet hier die Möglichkeit, die Komplexität planbar zu machen. Gerade was das Zusammenspiel der unterschiedlichen Produkte und Gewerke am Bau angeht. Hier kann eine umfassende BIM-Planung von Beginn an zum Erfolg beitragen. Die Konzentration auf einzelne Produkte, ohne den Gesamtkontext des Bauwerkes oder der spezifischen Verwendung des Produktes zu berücksichtigen, führt zu keinen nachhaltigen Lösungen.

Wie eine projektbezogene Unterstützung aussehen kann, soll am Beispiel eines konkreten Projektes aus dem Bereich der mobilen Trennwände dargestellt werden.

- Die Anfrage des Kunden erreichte uns über den entsprechenden Außendienst-Mitarbeiter. Der Kunde hatte zwar unsere BIM-Objekte im Einsatz (Autodesk Revit), jedoch konnte die aktuelle Situation mit den Standard-Lösungen nicht vollständig abgebildet werden.
- Im direkten Kontakt mit dem Kunden war zunächst die Intention des Kunden zu ermitteln. Welches bauliche Problem sollte gelöst werden bzw. welche Idee sollte realisiert werden? Grundlage waren die Grundrisspläne des Gebäudes und Detailzeichnungen des Einbauortes.
- Durch die Fachabteilung wurde dann auf Basis der Informationen ein Einbauvorschlag erarbeitet und als BIM-Objekt umgesetzt. Dazu wurden bestehende Modelle angepasst und so verändert, dass sie technisch, optisch und von den Randbedingungen her der Planung entsprachen.

Durch die direkte Kommunikation mit dem Kunden konnte zeitnah eine Lösung erarbeitet werden. Gerade bei Projekten mit vielen Iterationen bis zur optimalen Lösung ist der direkte Kontakt für beide Seiten sehr hilfreich.

b) Erfahrungen

Die ersten Erfahrungen in der Umsetzung von kunden- oder projektspezifischen BIM-Modellen sind sehr positiv. Zeigen aber auch, dass die klassischen Prozesse und Rollen im Unternehmen oftmals nicht ausreichend sind, um zeitnah BIM-Lösungen anbieten zu können.

Die Erstellung bzw. Anpassung von BIM-Objekten stellt zwar immer noch einen Sonderweg dar. Jedoch zeigt die steigende Anzahl von Anfragen deutlich, dass sich das zukünftig ändern wird (muss). Gerade im internationalen Geschäft sind dies Leistungen, die man anbieten muss, um weiterhin erfolgreich zu sein. Aus unserer Sicht muss mehr Kompetenz im Hause aufgebaut werden, um schnell auf Kundenanfragen reagieren zu können.

Auch werden IT-Systeme hier zukünftig stärker unterstützen. Sie werden einen Teil der manuellen Arbeit übernehmen und den Mitarbeiter sowie den Kunden entlasten.

4 Ausblick

a) Heute und morgen

BIM unterstützt den Erfolg des Unternehmens momentan vor allem als Planungsinstrument für den Kunden. Die BIM-Daten, die für unsere Produkte erstellt wurden, helfen in der Planungsphase, aus unseren Produkten das geeignete zu finden und entsprechend der Situation anzupassen. BIM-Objekte sind heute nicht nur Transportmittel für Informationen, sie erweitern die Möglichkeiten, indem sie Produktwissen mit Planungsanforderungen kombinieren und so den Anwender in die Lage versetzen, Situationen zu planen, für die ansonsten ein Experte zu Rate gezogen werden müsste.

Die Beschäftigung mit BIM bedeutet aber auch, dass man sich vermehrt Gedanken um die Qualität der eigenen Daten und Prozesse machen muss. Solange man BIM nur als Abbildung der klassischen Datenblätter sieht, mag das noch funktionieren. Sobald man aber nachhaltige Services aufbauen will und Daten liefern will oder muss, sind klare Strukturen und Prozesse zu schaffen. Neue Prozesse und Strukturen im Unternehmen können dann die eigene Planung verbessern und zu einer effektiveren internen Organisation führen (Stichwort „Lean").

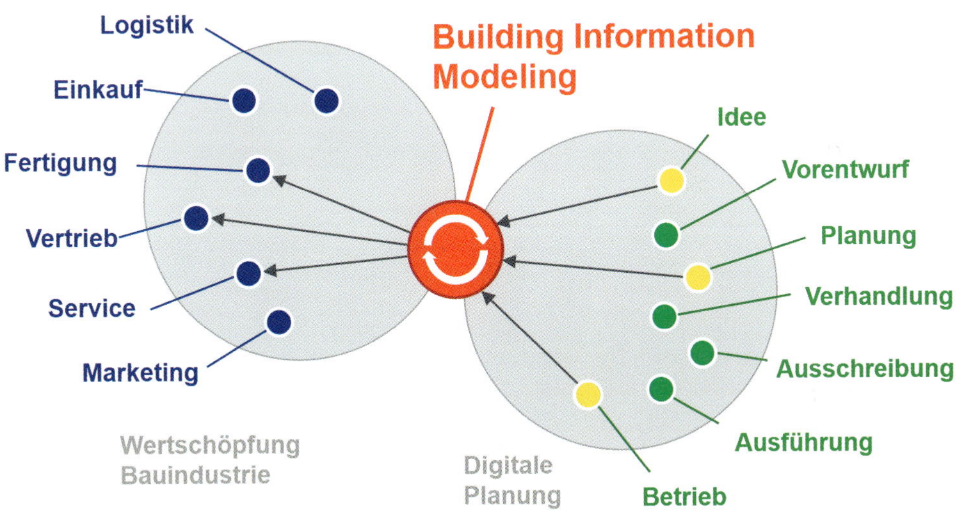

Abbildung 3: BIM verbindet die Prozesse des Planers mit den Prozessen des Herstellers. Dadurch wird es möglich, Informationen schneller zur Verfügung zu stellen und Leistungen anzubieten, die man heute bereits aus anderen Bereichen kennt wie z. B. Online-Shops, On-Demand-Fertigung oder Abruf von Logistik und Fertigungsinformationen durch den Kunden.

Zukünftig wird sich die Rolle, die BIM für den Erfolg des Unternehmens spielt, ändern. BIM wird mehr als Teil einer Gesamtstrategie zur Digitalisierung gesehen werden und stärker in die damit entstehenden Prozesse eingebunden werden. Bei dormakaba wurden z.B. Virtual-Reality-Projekträume entwickelt oder Mobile Apps, die eine neue interaktive Betrachtung auf die Produkte erlauben. Die Verknüpfung zu BIM ist dann nur noch ein kleiner (und notwendiger) Schritt.

BIM ist die digitale Schnittstelle zwischen der Welt der Planer und Architekten und der Welt der Industrie. Es bietet die Chance, die Prozesse des Kunden stärker mit den Abläufen beim Hersteller zu verbinden und zu synchronisieren.

Welchen Einfluss BIM insgesamt auf die Geschäftstätigkeit des Gesamtunternehmens hat, lässt sich momentan noch nicht vollständig beantworten. Was sich aber aus unserer Sicht klar abzeichnet, ist der Trend zur Digitalisierung der gesamten Prozesskette – von der Unterstützung und Beratung des Kunden bis zu Fertigung und Service. Dadurch werden neue Vertriebskanäle entstehen und es werden den Unternehmen Möglichkeiten in Geschäftsfeldern eröffnet, die aktuell noch nicht im Fokus stehen. BIM ist dabei nur ein Teil der gesamten Digitalisierung. Sowohl der Bauwirtschaft als auch der Industrie.

Kurzvorstellung

Autoren

Dipl.-Ing. (FH) Jasmin Dieterle-Proesel

Jasmin Dieterle-Proesel absolvierte ihr Architekturstudium an der HTWG Konstanz, das sie 2007 mit dem Diplom abschloss. Von 2007 bis 2010 war sie als Junior Design Architektin bei Coop Himmelb(l)au in Wien tätig. Dort ist sie maßgeblich am Aufbau des BIM-Teams beteiligt gewesen. 2012 erhielt sie den Master of Architecture am Royal College of Art in London.

Jasmin Dieterle-Proesel ist seit 2012 Projektleiterin und Design Architektin bei Gerber Architekten international in Berlin. Ihr Schwerpunkt liegt auf Green Building Design, Parametric Design, BIM und der Verknüpfung mit Augmented Reality. Sie ist DGNB Consultant und LEED Green Associate.

Dipl.-Ing. (Univ.) Steffen Schünecke

Steffen Schünecke absolvierte das Architekturstudium an der TU Berlin sowie der Kunsthochschule Berlin-Weißensee. Danach verbrachte er zehn Jahre als Mitarbeiter und später Projektleiter in verschiedenen Architekturbüros in Großbritannien. Durch die Integration von BIM in eine Vielzahl von Projekten konnte er sich frühzeitig mit der Steuerung der dafür notwendigen, neuen Prozesse vertraut machen.

Seit 2013 ist er im Berliner Büro Gerber Architekten international GmbH als BIM-Manager tätig. Zu seinen Aufgaben gehören die strategische Implementierung von BIM in die Büro- und Projektabläufe sowie das projektbezogene BIM-Management. Eine Herausforderung war dabei unter anderem die BIM-Planung für die Olaya Iconic Station in Riad, Saudi-Arabien.

Dipl.-Ing. (Univ.) Thomas Lücking

Thomas Lücking absolvierte sein Architekturstudium an der Technischen Universität in München im Jahr 2000. Dem waren Auslandsaufenthalte an der Eidgenössischen Technischen Hochschule in Lausanne, wie in Tokio bei Kenzo Tange, vorausgegangen.

2000 begann Thomas Lücking bei Gerber Architekten als Entwurfsarchitekt. Hier wurde er bald verantwortlich für die arabischen Projekte, allen voran für die König Fahad Nationalbibliothek, für die er unter anderem auch drei Jahre in Riad, Saudi-Arabien, arbeitete. Seit 2008 ist er Geschäftsführer der Gerber Architekten international GmbH. 2012 gründete er die Niederlassung in Berlin und leitet diese seitdem. Zu seinen maßgeblichen Erfolgen zählen seine Entwürfe für die Olaya Metrostation in Riad und die Haram Intermodal Station in Mekka.

Unternehmen

Gerber Architekten

Leistungen/Produkte

Architektur, Innenarchitektur, Landschaftsplanung, Generalplanung

Mitarbeiterzahl

170

URL zum Unternehmen

www.gerberarchitekten.de

Für fachliche Beiträge und Kommentare bedanken wir uns bei:

Tanay Swarupam, BBSc, BArch (Hons), COA (India)
Niall Starling, BArch (Hons), BBSc, Architekt AKB arb
Tamara Iwaseczko, AKB, AIA, LEED AP BD+C
Katrin Mauer, Landschaftsarchitektin AKHH

1 Fokus Unternehmen

a) Auslöser

Seit über fünf Jahrzehnten planen und realisieren Gerber Architekten zahlreiche Großprojekte im In- und Ausland. An den Standorten in Dortmund, Hamburg, Berlin, Riad und Shanghai arbeiten heute etwa 170 Mitarbeiter in Projektteams aus Architekten, Ingenieuren, Innenarchitekten und Landschaftsarchitekten.

Den Startschuss für die Arbeitsweise mit BIM gab die Beauftragung nach einem großen internationalen Wettbewerbsgewinn im Jahre 2012. Das geplante Gebäude sollte dabei Teil eines großen Infrastrukturprojektes werden, das in seiner Gesamtheit vom Auftraggeber als BIM-Projekt gefordert war. Diese Anforderung sahen wir als eine willkommene Gelegenheit, BIM im Rahmen eines Pilotprojektes im Büro einzuführen.

Von der BIM-Methodik als Werkzeug erhofften wir uns allgemein eine Unterstützung bei der Optimierung von Planungsabläufen. Zudem erwarteten wir eine Zeitersparnis bei der Erstellung von Planungsleistungen durch das Automatisieren repetitiver Prozesse. Im Zuge dessen sollte wieder mehr Zeit für den Entwurf und die Erstellung qualitativ hochwertiger Architektur zur Verfügung stehen.

Die Berliner Niederlassung von Gerber Architekten wurde 2012, nur wenige Monate vor Start des Pilotprojektes gegründet und umfasste zu diesem Zeitpunkt lediglich ein kleines internationales Kernteam vorwiegend junger Architekten. Der Standort eignete sich durch die noch im Aufbau befindlichen Strukturen und Planungsabläufe besonders für die Pilotierung eines BIM-Projektes und als Testlauf für die spätere Einführung von BIM an allen anderen Bürostandorten.

b) Einfluss auf Geschäftsmodell

Die Leistungen von Gerber Architekten erstrecken sich von der Beratung, Projektentwicklung über alle Leistungsphasen der HOAI, einschließlich Kostenmanagement, bis hin zur Bauleitung. Der Kompetenzbereich umfasst ein breites Spektrum von Bauten in den Bereichen Verwaltung, Wohnungsbau, Wissenschaft und Forschung, Sport, Kultur und Infrastruktur.

Die genaue Ermittlung von Kosten sowie deren Überwachung durch unser Kostenmanagement sind Grundvoraussetzungen unserer Arbeit. Durch die Verknüpfung einer bürointernen AVA-Anwendung mit dem Planungsmodell sind wir in der Lage, eine kontinuierliche Kostenverfolgung und damit eine bessere Kostenkontrolle anzubieten. Bereits in frühen Projektphasen können relativ einfach Kostenvarianten bereitgestellt und analysiert werden. Parallel ermöglicht uns BIM, Lebenszykluskosten besser darzustellen und somit den Bauherren auch für dieses Thema zu sensibilisieren.

Darüber hinaus eröffnet uns BIM die Möglichkeit, zusätzliche Aufgaben und Serviceleistungen zu definieren und anzubieten, wie beispielsweise die BIM-Gesamtplanung und -koordination von Bauprojekten. Machbarkeitsstudien und Gebäudesimulationen werden mittlerweile zu einem erheblichen Anteil bürointern ausgeführt.

Die BIM-Methode und der von uns weiterhin optimierte Datenaustausch ermöglicht eine verbesserte Koordination zwischen Fachdisziplinen, womit notwendige Änderungen in späten Projektphasen minimiert werden können. Durch die verbesserte Kommunikation und Zugänglichkeit von Projektinformationen in der BIM-Arbeitsweise wird der Planungsprozess für unsere Projektpartner und besonders auch für unsere Auftraggeber transparenter.

c) Einrichten von Rahmenbedingungen

In der täglichen Projektbearbeitung nutzen wir die BIM-Methode zur Unterstützung ganzheitlicher, digitaler und am Lebenszyklus von Gebäuden orientierter Planungsprozesse.

Die Umstellung zu einer BIM-basierten Arbeitsweise beeinflusste auch die Teamzusammenstellung und Projektorganisation. Um die Potenziale der BIM-Methode voll ausschöpfen zu können, betrieben wir frühzeitig den Aufbau eines bürointernen BIM-Spezialistenteams. Es setzt sich zusammen aus BIM-Managern, BIM-Koordinatoren und BIM-Modellierern. Zwischenzeitlich wurde BIM auch an den anderen Standorten von Gerber Architekten in Dortmund und Hamburg erfolgreich eingeführt. Die Gerber Landschaftsarchitekten unterhalten ebenfalls ein eigenes BIM-Spezialistenteam. Eine BIM-Task-Group mit Vertretern der verschiedenen Standorte trifft sich in regelmäßigem Intervall zum gemeinsamen Wissensaustausch und -aufbau. Unsere Büros verfügen über weitreichende Erfahrung in der Anwendung von Closed und Open BIM und der Zuhilfenahme einer Vielzahl von Softwarelösungen.

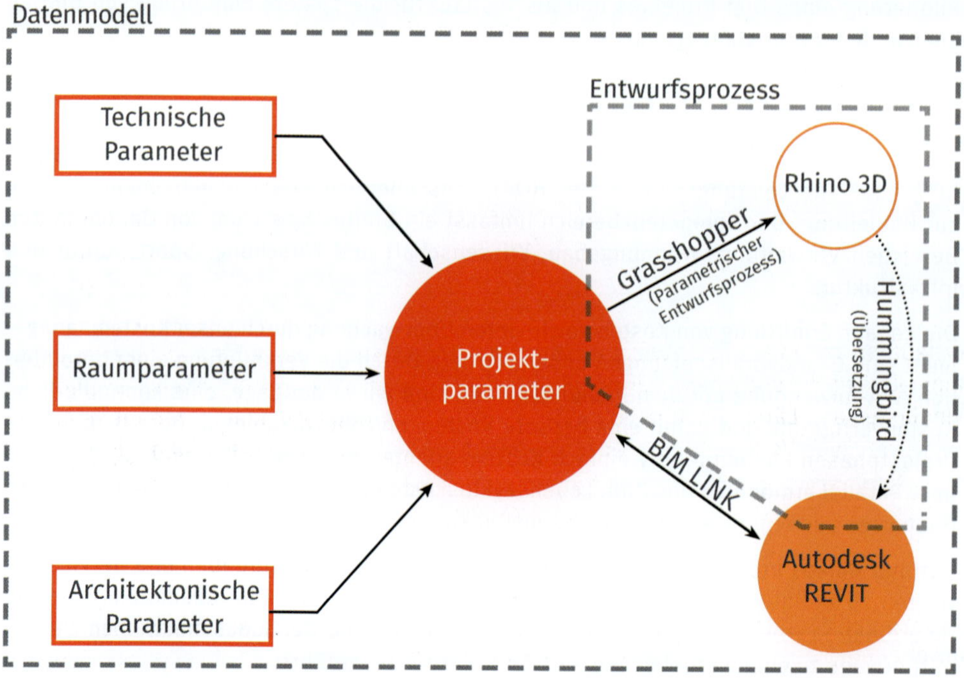

Abbildung 1: Interner Workflow

Neben den organisatorischen und prozessualen Umgestaltungen stellt die Umstellung auf BIM auch Anforderungen an die IT-Infrastruktur. Mit dem Projektfortschritt wächst die Komplexität und damit auch der Umfang des Datenmodells. So wurde es z. B. notwendig, alle Arbeitsplätze mit leistungsfähigeren Grafikkarten und mehr Arbeitsspeicher auszustatten, um einen reibungslosen Arbeitsablauf zu garantieren. Das Miteinbeziehen anderer Fachdisziplinen setzt das Einrichten von globalen Modell-Servern und Datenplattformen (hardware- und cloudbasiert) voraus und erfordert eine leistungsfähige Internetverbindung.

d) Anwendungsfälle

Das Entwerfen und insbesondere in 3D nimmt bei Gerber Architekten einen hohen Stellenwert ein. Mit der Kombination von parametrisch-basiertem Modellieren durch Programmieren und der automatisierten Anknüpfung an BIM-Tools optimieren wir stets unsere Arbeitsweise, um auch komplexen Gebäudegeometrien gerecht zu werden. Die BIM-Methode ermöglicht es, alle Komponenten der Modelle und Zeichnungen, in automatisierter Form, in den Ausschreibungs- und Kostenberechnungsprozessen erfassen zu können. Da es sich bei BIM um 3D-Modelle mit integrierten Datenbanken handelt, können Listen aller verwendeten Materialien und Komponenten generiert werden und die entsprechenden Beschreibungen direkt in den Ausschreibungstext einfließen. Automatisierte Keynote-Listen (Kurzbeschreibung der einzelnen Bauteile) werden auf den Zeichnungen platziert.

Ein Bereich, den wir momentan verstärkt ausbauen, ist das LCA (Life Cycle Assessment) bzw. LCC (Life Cycle Costs). Die Berücksichtigung des gesamten Lebenszyklus, angefangen bei der Materialgewinnung, über Bau und Betrieb, bis hin zu Rückbau und Recycling, hat ein immenses Potenzial im Bezug auf die Effizienz eines Gebäudes. Aktuell wird in der Baubranche meist nur bis zur Fertigstellung eines Gebäudes gedacht. Die Betrachtung eines Bauwerks als Einwegprodukt ist in unseren Augen nicht mehr zeitgemäß. Vielmehr sehen wir ein Gebäude als aktives Element, das als Energielieferant und Rohstofflager dienen sollte. Die BIM-Methode bietet ein Rahmenwerk, in dem die Berücksichtigung dieser Faktoren von Anfang an möglich ist.

Simulationen, z. B. zur Nachhaltigkeitsanalyse eines Gebäudes, stellen eine weitere wichtige BIM-Anwendung dar. Das Verknüpfen des 3D-Datenmodells mit der entsprechenden Analysesoftware gibt ein direktes Feedback und bietet so die Möglichkeit, den Entwurf fortlaufend zu optimieren. Gebäudeform und Orientierung lassen sich im Hinblick auf Himmelsrichtung und Sonneneinstrahlung, natürliche Belichtung und Verschattung sowie Windlasten und Lärmbelastung analysieren. So können unterschiedliche Varianten untersucht und durch Verknüpfung mit den entsprechenden Basisdaten die Kosten parallel verfolgt werden. Die Anzahl der nationalen und internationalen Großprojekte mit expliziten Anforderungen zur Nachhaltigkeit und den entsprechenden Zertifikaten (DGNB, LEED etc.) nimmt stetig zu. Die verschiedenen Zertifizierungssysteme arbeiten ebenfalls zunehmend an einer Integrierung in die BIM-Umgebung.

Die Kollisionsprüfung (Clash-Check) kommt in all unseren Projekten schon frühzeitig zur Anwendung. Parallel zum Modellierungsprozess verwenden wir spezifische Kollisionsprüfungswerkzeuge für eine kontinuierliche Kontrolle. So können durch einen regelmäßigen Austausch von Modellen Unstimmigkeiten frühzeitig behoben werden. Der nächste

Abbildung 2: KAFD Info Hub, Riad, integriertes BIM-Projekt

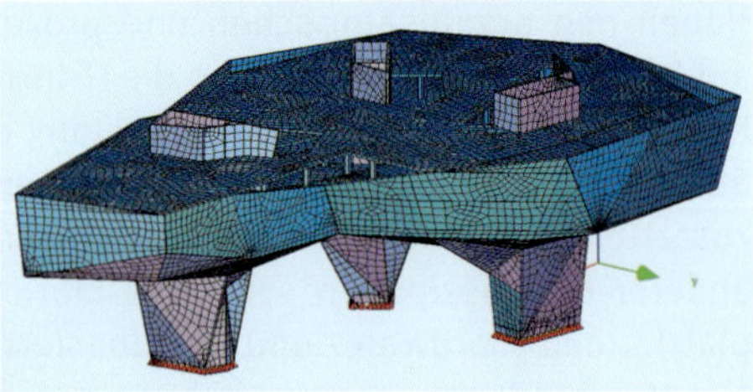

Quelle: Tragwerksstudie Werner Sobek

Abbildung 3: KAFD Info Hub, Riad, Modellbasierte Tragwerkssimulationen

Schritt der strukturierten Kollisionsprüfung findet typischerweise in einer speziellen mit dem Gesamtdatenmodell verknüpften Software statt. Dies ist ein Prozess, der in der Regel vom Bauherren gefordert wird und detailliert in den Anforderungen des BAP (BIM-Ablaufplan) festgelegt ist. Planungsfehler können so besser vermieden werden und es muss nicht erst auf der Baustelle nach einer Lösung gesucht werden.

e) Mitarbeiter

Die Umstellung zum Arbeiten im BIM erforderte eine grundlegende Umgestaltung der Arbeitsprozesse. Daraus erfolgte auch eine neue Struktur des Planungsteams. Neue Verantwortungsbereiche wurden definiert und in die bewährten Strukturen eingebunden.

Bei Gerber Architekten vereinen wir diese neuen Verantwortlichkeiten im sogenannten BIM-Team, welches sich mit seinen einzelnen Teilnehmern als fester Bestandteil in die verschiedenen Projektteams integriert. In Abhängigkeit der Komplexität eines Projektes werden sowohl auf Gesamtprojektebene als auch auf Büro- und Fachplanerebene BIM-Verantwortliche definiert.

Der Projekt-BIM-Manager oder auch BIM-Planer besitzt in der Regel eine projektweite und fachdisziplinübergreifende Funktion. In seiner Verantwortung liegen die Erarbeitung der Projekt-BIM-Strategie, die Definition und Kontrolle der notwendigen BIM-Prozesse und BIM-Anforderungen sowie die Bereitstellung der dazugehörigen Dokumente und Vorlagen (Templates). In der projektweiten Funktion obliegt ihm die Aufsicht über das gesamte Projekt-Datenmodell, einschließlich der Zusammenführung der Teilmodelle und der Qualitätskontrolle. Um einen einheitlichen, qualitativ hochwertigen BIM-Standard für unser Büro zu sichern, gehört es auch zu den Aufgaben des BIM-Managers, sogenannte QC-Maßstäbe (Quality Control) zu definieren und stetig weiterzuentwickelt.

Der BIM-Koordinator implementiert die Prozesse, die vom BIM-Management vorgegeben werden. Der virtuelle Arbeitsbereich muss zu jeder Zeit „aufgeräumt" sein, d. h. sämtliche Bauteile sind klar und einheitlich benannt und richtig verortet. Dessen Kontrolle fällt ebenfalls in den Verantwortungsbereich des BIM-Koordinators. Darüber hinaus ist dieser projektspezifisch für die Pflege und Qualitätskontrolle des Datenmodells zuständig. Er stellt sicher, dass der geforderte Detaillierungsgrad (LOD) erreicht bzw. eingehalten wird.

Für die Einbindung der über den ‚normalen' BIM-Prozess hinausgehenden parametrischen Entwurfsprozesse hat sich für uns der Einsatz eines Parametrie-Koordinators im Projektteam als sehr hilfreich erwiesen. Er unterstützt in der Planung die Koordinierung komplexer, parametrischer Prozesse und Werkzeuge sowie deren verlustfreie Integration in die BIM-Umgebung.

Die Architekten im Team übernehmen die Aufgabe der BIM-Modellierer. Die hohe Komplexität der neuen Planungswerkzeuge und das kollektive und gleichzeitige Arbeiten in einer gemeinsamen BIM-Umgebung steigern auch die Anforderungen an die einzelnen Teammitglieder. Jeder Architekt im Planungsteam hat klar definierte Verantwortlichkeiten für einen bestimmten Gebäudebereich bzw. für ein bestimmtes Bauteil.

In der Anfangsphase haben wir für die Schulung der Mitarbeiter zunächst externe Software-Trainer hinzugezogen. Mittlerweile können wir die Schulung neuer Mitarbeiter intern durch unser BIM-Team anbieten. Um einen optimalen Wissenstransfer zwischen allen Mitarbeitern zu gewährleisten, veranstaltet das BIM-Team ein wöchentliches Software-Training. Dabei werden sowohl Neuheiten vorgestellt, als auch projektspezifische Probleme gelöst. Die individuell an den Büro- und Planungsabläufen orientierten Trainingseinheiten sind nach unserer Erfahrung effektiver als von externen Anbietern eingekaufte Schulungen, die naturgemäß weniger auf unsere spezifischen Anforderungen reagieren können.

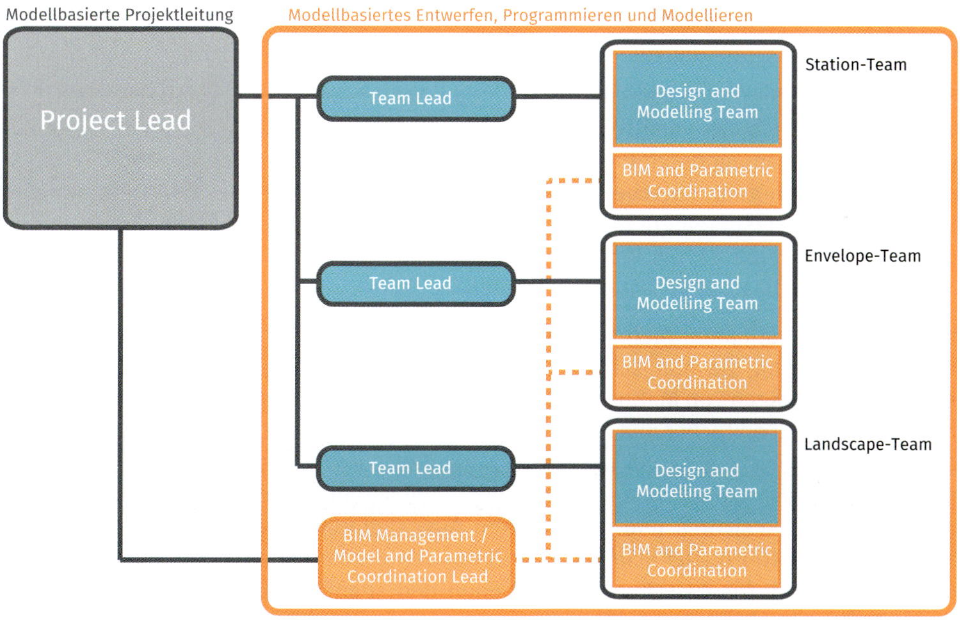

Abbildung 4: Einbindung von BIM-Kompetenz in die Projektteamstruktur am Beispiel der Olaya Metro Station

Der erforderliche Aufwand, um neue Mitarbeiter einzuarbeiten, ist gerade bei komplexen Projekten zunächst verhältnismäßig hoch. Bereits in BIM geschulte Architekten sind auf dem deutschen Arbeitsmarkt noch immer schwer zu finden. Die internationale Geschäftsstelle von Gerber Architekten in Berlin besitzt in dieser Hinsicht den Vorteil, dass ein großer Teil der Mitarbeiter aus dem englischsprachigen Raum (UK, USA, Kanada und Australien) stammt, wo BIM längst fester Bestandteil im Planungsalltag ist. Um eine optimale Bearbeitung auch der nationalen Projekte zu gewährleisten, bieten wir unseren englischsprachigen Mitarbeitern wöchentliche Deutsch-Intensivkurse an.

2 Fokus Projektabwicklung

a) Mehrwerte

Zentraler Aspekt unserer täglichen Arbeit bei Gerber Architekten ist das Schaffen hochwertiger Architektur. Im Entwurf wie auch in der Dokumentation setzen wir auf Programmierung und Automatisierung von Arbeitsabläufen. Dies geschieht sowohl unter Zuhilfenahme von Software-integrierten Anwendungen als auch mit selbsterzeugten Software-Erweiterungen. Die meist aufgrund einer spezifischen Anforderung in einem Projekt generierten Werkzeuge und Workflows werden durch ihren Gebrauch in Folgeprojekten laufend weiterentwickelt und verbessert. So haben wir beispielsweise einen speziellen Prozess für die Implementierung von detaillierten Raumbuch-Anforderungen in der frühen Entwurfsphase entwickelt sowie deren automatisierte Nachführung in der fortschreitenden Projektentwicklung.

BIM fördert das dreidimensionale Arbeiten von Anfang an und unterstützt so den Entwurfsprozess durch das unmittelbare Feedback des Gesamtmodells. Die verbesserte Koordination der Planung durch das synchrone Arbeiten der Architekten im Modellierungsprogramm ist ein ganz entscheidender Mehrwert der BIM-Methode. Der stets aktuelle Blick aller Planungsbeteiligten auf das Gesamtprojekt führt nach unserer Erfahrung zu einem deutlich verbesserten Projektverständnis. Es herrscht das Viel-Augen-Prinzip mit dennoch klar definierten Verantwortlichkeiten.

Ein weiterer, signifikanter Mehrwert der BIM-Methode ist das Überprüfen von Varianten (What-if-Analysen), die nun schon früh in den Entwurfsprozess eingebunden werden können. Ein Abwägen von Maßnahmen und dem damit verbundenen zeitlichen und monetären Aufwand ist einfacher und anschaulicher geworden. So lassen sich unterschiedliche „Value Engineering"-Szenarien in relativ kurzer Zeit durchspielen. Die notwendigen Anpassungen werden daraufhin nur einmal im Modell vorgenommen und sämtliche Grundrisse, Schnitte, Ansichten und alle anderen Ausgabeformate werden automatisch und zeitgleich nachgeführt. Der schnelle Zugriff auf den gesamten, aktuellen Planungsstand erweist sich auch für Zwischenpräsentationen und spontan angesetzte Projektbesprechungen als sehr hilfreich.

Ein detailliertes BIM-Datenmodell bietet noch eine Vielzahl an weiteren Ausgabemöglichkeiten. Neben computergenerierten Renderings und 3D-Druck präsentieren wir unsere Projekte vermehrt auch in einem sogenannten Gaming Environment. Im Gegensatz zum Abspielen einer Animation kann sich der Betrachter hier selbst in Echtzeit frei durch das Gebäude bewegen. Damit ist auch die Grundlage für eine Gebäudebegehung durch

Abbildung 5: Ausstellung AEDES Berlin: Meilensteine aus fünf Jahrzehnten – 50 Jahre Gerber Architekten; virtuelle Gebäudebegehung im Gaming Environment

Virtual Reality (VR) gegeben. Das virtuelle Eintauchen ermöglicht ein besseres räumliches Erleben unserer Architektur und bietet die Chance, Auftraggebern, Planungspartnern und vor allem fachfremden Entscheidungsträgern ein Projekt anschaulich zu erläutern. Dank der Ortsunabhängigkeit kann VR gerade bei internationalen Projekten auch eine nachhaltige Ergänzung zu Face-To-Face-Meetings darstellen, da weniger reale Reisen notwendig werden.

Mit dem Einbinden von Augmented Reality (AR) wird die dreidimensionale Betrachtung von Objekten im realen Raum möglich. So lässt sich beispielsweise ein virtuelles Gebäudemodell bei einer Besprechung auf dem Tisch des Bauherren platzieren. Einzelne Bauteile eines Projekts können separiert, vergrößert und individuell betrachtet werden. Dies hat gegenüber einem physischen Modell, in fixem Maßstab, enorme Vorteile. Gebäudesimulationen für Nachhaltigkeitsanforderungen, Nutzersimulationen wie People-Flow-Analysen etc. sind ebenfalls anschaulich integrierbar.

b) Prozesse

Für eine optimale Nutzung und den Erfolg von BIM im einzelnen Projekt ist ein detaillierter Planungsprozess entscheidend. Alle BIM-Nutzungen und aus dem Modell zu generierenden Planungsleistungen werden präzise zu Beginn des Projektes definiert. Dies verhindert die Erstellung nicht benötigter Information und beschreibt, was vom Datenmodell erwartet werden kann, d. h. welche Nutzungen zulässig und machbar sind.

Wesentliche Vereinbarungen dazu werden im BIM-Ablaufplan (BAP), dem deutschen Äquivalent für den international üblichen BIM-Execution-Plan (BEP), festgeschrieben. Zusätzliche Projektdokumente können z. B. auch ein projektspezifischer BIM-Standard oder die BIM-BVB (Besondere Vertragsbedingungen) sein.

Zentraler Punkt im BAP sind die BIM-Ziele des jeweiligen Projektes und die sich daraus ableitenden BIM-Anforderungen des Auftraggebers. Mit BIM entsteht nichts zufällig. Es kann ‚hinten' nur das rauskommen, was ‚vorne' bewusst und strukturiert eingegeben wurde. Auch wenn der BAP zum Vertragsbestandteil des Projektes wird, sollte er im Verlauf des Projektes fortgeschrieben werden, um Details zu vertiefen, die bei Projektbeginn noch nicht zur Verfügung standen, oder auf veränderte Projektbedingungen zu reagieren. Dies können beispielsweise personelle Veränderungen in den BIM-Rollen, Terminplananpassungen, Veränderungen im Leistungsumfang von Projektteilnehmern oder auch Veränderungen in der Projektpartnerzahl selbst sein. Ebenfalls sollte die Modellelemente-Matrix (auch LOD-Matrix) fortgeschrieben und verfeinert werden, um den sich vertiefenden Planungsstand zu reflektieren.

Projektspezifische Modelle werden immer auf Basis bürointerner Vorlagen generiert. Darin sind wesentliche Voreinstellungen für die Modellierung und die Modellausgaben angelegt. Dies umfasst beispielsweise die Modellstrukturierung, Schnittstellen zu BIM-Nutzungen wie Kosten und Ausschreibungen, Objekt- und 2D-Elementestandards und Standards zur Unterstützung einer einheitlichen Planausgabe. Zudem halten wir eine bürointerne Bibliothek an Modell-Objekten vor.

Die strukturierte, regelmäßige Modellkontrolle anhand der eigens erstellten Modell-Checkliste ist Teil jeder BIM-Projektkoordinierung. Sie gehört zum BIM-Qualitätssicherungsprozess und beinhaltet im Wesentlichen die regelmäßige Kontrolle der Modellintegration, der Projekt-BIM-Standards und die Einhaltung der BAP-Konventionen. Außerdem wird der Stand der Koordinierung geprüft, indem die Modellinhalte aller Fachplaner zum gegebenen Zeitpunkt kontrolliert werden.

Unsere Planungsleistungen werden im BIM-Prozess anhand der Modellierung von 3D-Objekten innerhalb eines virtuellen Gebäudemodells erbracht. Dieses wird in der Regel zur besseren Handhabung in einzelne Teilmodelle gegliedert. Die Modelle der Fachplaner werden mit den Architektur- und Landschaftsarchitektur-Modellen zu einem Koordinationsmodell zusammengeführt und über eine automatisierte Synchronisation in vereinbarten Intervallen aktualisiert. Für die Verwaltung der Projektdokumente und -daten verwenden wir bevorzugt einen gemeinsamen Datenraum, das Common Data Environment (CDE). Alle Dateien, Modelle, Listen, Kalkulationen und Dokumente zum laufenden Projekt werden in einem einheitlichen, virtuellen Raum ausgetauscht und stehen dort auch über den eigentlichen Planungsprozess hinaus zur Verfügung.

c) Risiken und Verbesserung

Das Automatisieren von bestimmten Arbeiten, wie beispielsweise die Mengenermittlung und die Erstellung von Raumbüchern und Türlisten, ist sehr komfortabel. Es birgt aber auch die Gefahr, sich zu sehr auf die Technik zu verlassen. Eine allgemeine Plausibilitätsprüfung der Inhalte sollte nach wie vor gewissenhaft vom Architekten oder Fachplaner durchgeführt werden.

BIM gibt uns Werkzeuge zur Verbesserung der Kommunikation im Projekt an die Hand. Dies geschieht nicht automatisch. Das mit BIM verbundene komplexere Mehr an Kommunikation benötigt einen disziplinierten Umgang in einem klar definierten Rahmen. In Datenplattformen integrierte Kommunikationswerkzeuge wie E-Mails, Kommentare und Chats sind dabei hilfreich. In unserer Erfahrung macht BIM aber keinesfalls althergebrachte Kommunikationsformen wie das Face-To-Face-Meeting oder das Gespräch am Telefon obsolet.

Eine Hürde für die flüssige BIM-Anwendung im Projekt sind die meist stark variierenden BIM-Fähigkeiten der einzelnen Projektpartner. Das Potenzial des aufgesetzten BIM-Prozesses kann in der Folge nicht voll ausgeschöpft werden. Der gezielte Wissenstransfer als Teil des Projekt-QM (Quality Management) bzw. Projekt-Workshops zur Erläuterung von BAP, BIM-Standards und Modell-Setups können Abhilfe schaffen.

d) Projektpartner und Auftraggeber

Die Erwartungen und die Vorkenntnisse unserer Auftraggeber im Hinblick auf BIM sind breit gefächert. So haben wir einerseits Bauherren, die zwar gegenüber BIM durchaus aufgeschlossen sind, aber keine speziellen BIM-Anforderungen für das entsprechende Projekt definieren. Andererseits haben wir aber auch sehr informierte Bauherren, die bereits mit einem umfangreichen Paket an BIM-Anforderungen und einem erfahrenen BIM-Team an ihrer Seite auftreten.

Bei Bedarf können wir mit unserer Expertise die BIM-Strategie, inklusive der dazugehörigen Prozesse und Standards, für unseren Auftraggeber aufsetzen. Wichtig ist dabei, von Anfang an die gemeinsamen Ziele und Anforderungen an das zu erstellende Datenmodell genau zu definieren und festzuschreiben, um den Prozess möglichst effizient zu gestalten. Dabei können wir als Basis auf unsere intern vordefinierten Arbeitsabläufe, Standards und Templates zurückgreifen.

Die Verwendung zweier am Markt gängiger Modellierungsprogramme in unseren Büros ist ebenfalls hilfreich und erweitert die Wettbewerbsfähigkeit, speziell bei Closed-BIM-Projekten.

Bevorzugt arbeiten wir natürlich mit Projektpartnern, die bereits BIM-Projekte auf hohem Niveau ausgeführt haben. Beide Seiten legen dann meist Wert darauf, schon frühzeitig im Projekt zusammenzukommen. BIM-begeisterten Planungspartnern, die frisch in den neuen Prozess einsteigen, bieten wir den Wissensaustausch mit unserem bürointernen BIM-Team an.

Aufgrund der positiven Erfahrung in den vergangenen Jahren bearbeiten Gerber Architekten mittlerweile fast sämtliche Projekte von Beginn an im BIM. Dies erfolgt unabhängig von Größe, Ort und Beauftragungsumfang des Projektes.

3 Fokus Projekt

a) BIM-Projekt

Olaya Metro Station

Metro-Hauptbahnhof, Riad, Saudi-Arabien
BGF 90 400 m^2 BGF, NF 68 700 m^2

Bis 2019 soll in Riad, Saudi-Arabien, ein stadtweites Metrosystem mit sechs U-Bahn-Linien, 85 Bahnhöfen und einem Schienennetz von 176 Kilometern entstehen.

Im Herbst 2012 wurde unser Büro zur Teilnahme am Wettbewerb für die Olaya Metro Station, einem von vier geplanten Umsteigebahnhöfen entlang der neuen Metrolinien, eingeladen. Vom Auftraggeber wurde eine Architektur in herausragender Qualität gefordert, die tagtäglich einen reibungslosen Ablauf für tausende Pendler gewährleisten sollte. Aufgrund einer sehr kurzen Bearbeitungszeit standen uns nur wenige Tage für die Entwicklung der Entwurfsidee zur Verfügung. Die verbleibende Zeit wurde zur Ausarbeitung und Erstellung der geforderten Abgabeleistungen benötigt, was zum damaligen Zeitpunkt noch in einem linearen Prozess aus aufeinander folgenden Arbeitsschritten und in unterschiedlichen Programmen erfolgte.

Die Entwicklung der Gebäudeform entstand bereits parametrisch, mit einer an die 3D-Modellierungssoftware gekoppelten grafischen Programmieroberfläche. Die Pläne wurden dann nach dem Datentransfer aus dem 3D-Modell mit einer 2D-CAD-Software erstellt. Aufgrund des knappen Zeitplans war jeder Schritt in diesem Prozess im Grunde irreversibel.

Mit der Beauftragung ergab sich die Forderung nach einer Integration unseres Entwurfes in eine projektweite, durch den Auftraggeber vordefinierte Closed-BIM-Umgebung, mit festgelegten Software- und Projektstandards. Das Gesamt-Metro-Projekt unterteilte sich in drei Einzelpakete, geführt von je einem Generalunternehmer-Konsortium. Allein innerhalb des Pakets, dem unser Projekt angehörte, musste die reibungslose Einbindung von etwa vierzig Design-Interfaces gewährleistet werden, deren Bürostandorte sich über mehrere Kontinente verteilten. Dazu kamen neun lokale Interessenvertreter und eine Vielzahl an internationalen Herstellern und ausführenden Unternehmen, die frühzeitig in den Planungs- und somit auch in den BIM-Prozess einbezogen werden sollten. Der von uns geplante Bahnhof stellte dabei ein eigenständiges Entwurfsprojekt im gesamten Metro-Projekt dar, das wir gemeinsam mit unserem Projektpartner Buro-Happold mit insgesamt über hundert Mitarbeitern bearbeiteten.

Der erste Schritt beinhaltete die vollständige Übersetzung des dreidimensionalen Entwurfs in native Modellelemente innerhalb der definierten BIM-Umgebung. Mit diesem Prozess wurden parametrisch generierte 3D-Objekte zu intelligenten BIM-Gebäudeelementen umgewandelt. Damit einher ging die automatische Zuordnung wesentlicher, nicht-grafischer Informationen zu spezifischen Bauelementen. Damit konnte nun die schrittweise Implementierung der Anforderungen des BIM-Ausführungsplans erfolgen. Dazu gehört beispielsweise die Kodierung aller Objekte für die strukturierte Erfassung von Kosten und Ausschreibungsinformationen durch den Auftraggeber.

BIM-Modellierungsprogramme sind in erster Linie Werkzeuge zur Erstellung von Datenmodellen. Die dreidimensionale Grafik ist nur eines von vielen Ausgabeformaten des Modells. Programme sind für die strukturierte Anreicherung von Daten optimiert und ihre Schwachstelle aus Sicht der Architekten sind oft die begrenzten Möglichkeiten in der freien dreidimensionalen Modellierung. Für uns ergab sich daher mit der anfänglichen Implementierung unseres Entwurfes in die ‚informative' BIM-Umgebung auch die Herausforderung, die für uns gewohnte Freiheit im Entwurf unter Nutzung spezieller parametrischer Modellierungstechniken auch zukünftig beibehalten zu können. Durch die gezielte Kombination multipler Übersetzungsprogramme und den dafür entwickelten Arbeitsablauf gelang es uns, diese parametrischen Entwurfswerkzeuge permanent in die neue Planungsumgebung einzubinden.

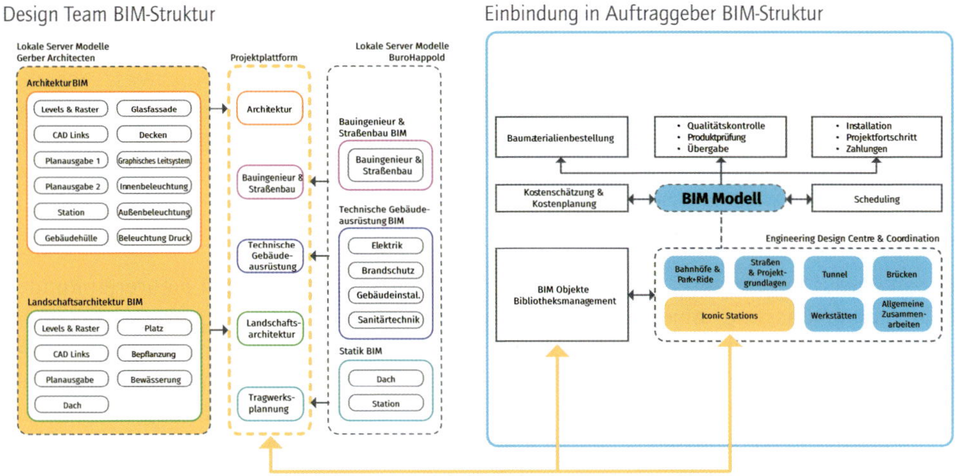

Abbildung 6: Verlinkung der Fachplanungsmodelle mit der metroweiten Projektplattform (exemplarische Darstellung)

Die Größe des Projektes machte für eine bessere Handhabung die Unterteilung unseres Fachmodells in eine Anzahl von Teilmodellen notwendig. So entstanden einerseits Teilmodelle, die eine sinnvolle Unterteilung des Gebäudevolumens widerspiegelten, und andererseits Teilmodelle mit prozessualen Funktionen, wie beispielsweise einem separaten Modell, in dem alle Pläne angelegt werden.

Gebäudeteilmodelle wurden jeweils durch einen BIM-Modellkoordinator, einen Parametrik-Spezialisten und ein mehrköpfiges Team von BIM-Modellierern bearbeitet. Weitere Teilmodelle für die Landschaftsarchitektur, die Tragwerksplanung und Modelle der Technischen Gebäudeausrüstung lagen im Verantwortungsbereich unseres Planungspartners Buro Happold. Das Gesamtmodell für die Olaya Station wurde durch den Modellgesamtkoordinator verwaltet. Die Steuerung des BIM-Prozesses für unser Design-Team erfolgte zeitgleich durch ein übergeordnetes BIM-Management.

Auf der Ebene der Fachplaner erfolgte die Modellierung in den lokal verwalteten, gemeinschaftlichen Fachmodellen. Diese wurden auf der Projektplattform, dem sogenannten CDE (Common Data Environment), mit Hilfe eines Synchronisationsprozesses hinterlegt und dort durch das Metro-Projekt-Management zu einem gemeinsamen Koordinationsmodell zusammengeführt. Die Aktualisierung der einzelnen Fachmodelle erfolgte automatisiert in einem vereinbarten Intervall und ermöglichte somit eine zeitnahe Verlinkung der Projektinformationen.

Nach nur drei Monaten konnte das erste Abgabepaket fristgerecht mit den ersten hundert Zeichnungen und Visualisierungen an den Bauherrn übergeben werden. Überdies erreichten wir bei einem von Bauherrenseite initiierten Ranking aller am Metroprojekt beteiligten Planungsteams den ersten Platz für unsere Projektdokumentation. Dies veranschaulicht, dass sich auch als BIM-Einsteiger ein Projekt dieser Größe meistern lässt. Diesen Erfolg verdanken wir vor allem unserem Team, das sich auf die neue Arbeitsweise mit BIM von Anfang an selbstbewusst und ohne Berührungsängste eingelassen hat.

Im weiteren Planungsverlauf erwies sich die zu Beginn der Beauftragung implementierte Arbeitsweise aus parametrischem Entwerfen und BIM immer wieder als vorteilhaft. In fortgeschrittener Planung ergaben sich neue Anforderungen zum Hochwasserschutz, wodurch das Gebäude um zwei Meter angehoben werden musste. Dies hatte erhebliche Auswirkungen auf die Gebäudegeometrie. Mit der traditionellen linearen Arbeitsweise für den Import geometrischer Informationen aus externen parametrischen Anwendungen wäre für diese Anpassungen die manuelle Nachführung aller Pläne notwendig geworden, was eine Projektverzögerung nicht ausgeschlossen hätte.

In den darauf folgenden Planungsphasen ergab sich schließlich, nach mehreren Runden der Kostenanpassung, eine signifikante Reduzierung des unterirdischen Gebäudevolumens. Dieses Ergebnis machte die vorangehende Untersuchung zahlreicher Varianten erforderlich. Die gemeinsame Datenplattform mit den Fachplanern ermöglichte ein schnelles Abstimmen aller Anforderungen und die umgehende Ausführung der notwendigen Anpassungen. Die den Objekten innewohnende Parametrik ermöglichte eine automatische Anpassung aller untergeordneten Gebäudeelemente, wie Fahrstühle, Treppenläufe und Balustraden. Besonders hilfreich war die Möglichkeit, Kernanforderungen nach Bauordnung sowie nach spezifischen Bauherrenvorgaben in das Modell zu integrieren.

Transfer Station

Metro-Bahnhof, Riad, Saudi-Arabien

BGF 44 300 m^2, NF 36 500 m^2

Abbildung 7: Transfer Station Plaza und Main Entrance

Im Unterschied zu unserer Planung für die Olaya Metro Station wurde das Projekt ‚Transfer Station' von Beginn an als integrierte BIM-Planung durch unser Büro erstellt. Prozesse sowie die Verwendung bestimmter Software waren mit Projektbeginn durch den Auftraggeber definiert und konnten bereits mit dem Start der Modellierung berücksichtigt werden. Das von uns erstellte Gebäudemodell enthielt damit von Anfang an Objekte, die mit dem Gesamt-BIM kompatibel und mit entsprechenden Informationen ausgestattet waren.

Um uns in dem vom Auftraggeber initiierten BIM-Prozess den Raum für entwerferische Freiheit und architektonische Qualität zu sichern, nutzten wir auch hier wieder die Implementierung externer Modellierungswerkzeuge zur parametrischen Generierung einzelner Elemente des Entwurfs.

Schon bald nach Erstellung des ersten Gebäudemodelles wurden grundlegende Modifizierungen des Entwurfes erforderlich. Während eines dafür angesetzten Entwurfsworkshops mit dem Bauherrn und den beteiligten Fachplanern bildete das BIM-Modell die Grundlage für die Anpassung der Gebäudegeometrie und der damit verbundenen Grundrissgestaltung. Die Auswirkungen der vollzogenen Veränderungen konnten unmittelbar, in Echtzeit, analysiert und diskutiert werden. Schon während des Workshops war es uns dadurch möglich, eine Freigabe des vorgeschlagen Entwurfs für die weitere Bearbeitung zu erzielen.

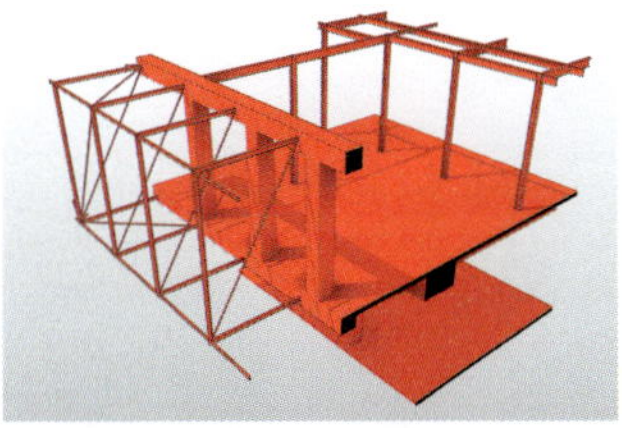
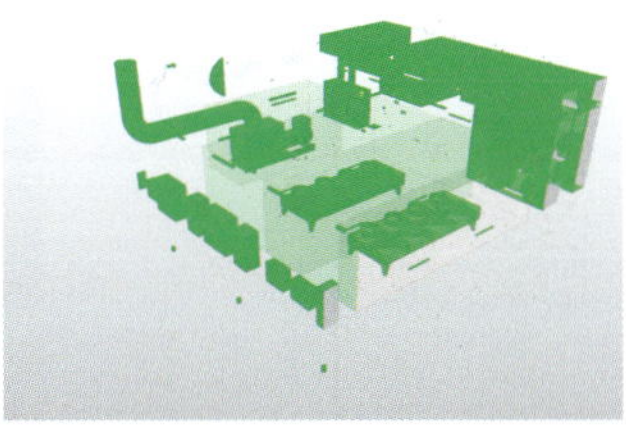
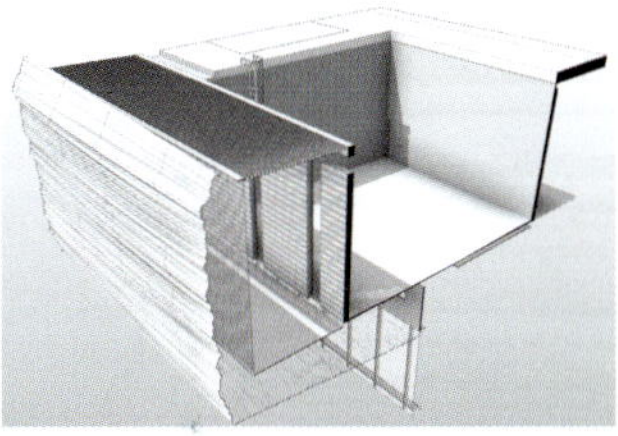

Abbildung 8: links: Datenmodell Tragwerksplanung, Mitte: Datenmodell Gebäudetechnik, rechts: Datenmodell Architektur

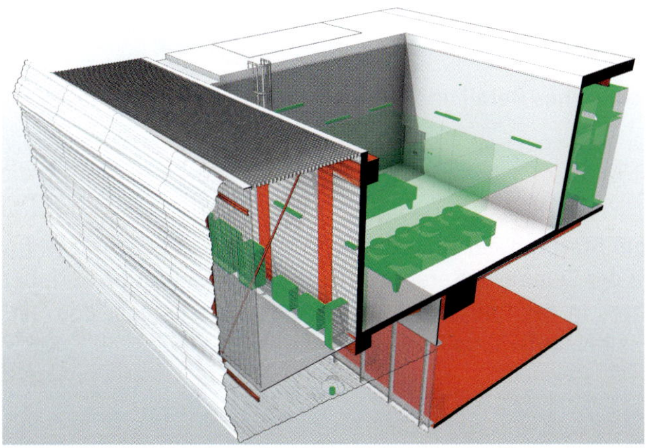

Abbildung 9:
Kombiniertes Datenmodell

Um eine einfache Konstruktion der Verkleidung zu gewährleisten, schlugen wir ein vorgehängtes Fassadensystem mit vorgefertigten Paneelen aus glasfaserverstärktem Beton (GRC) vor. Zunächst gab es Bedenken bezüglich der Produktions- und Installationszeit sowie einer eventuellen Überschreitung des vereinbarten Budgets. Hier war das detaillierte BIM-Modell von großem Nutzen, da wir so mit den entsprechenden Daten relativ schnell ein frühes Mock-up von einem der GRC-Paneele erstellen lassen konnten. Damit waren wir in der Lage, sowohl den geplanten Fertigungsprozess wie auch die problemlose Übertragung von komplexer 3D-Information in ein physisches Produkt überzeugend darzustellen.

In den aufgezeigten Projekten ermöglichte uns die Nutzung von BIM sowohl schnelle Volumen- und Nutzungsstudien als auch die vereinfachte Koordination von umfassenden räumlichen Anpassungen. Dies konnte in vergleichsweise kurzer Zeit geschehen und beinhaltete jeweils die simultane Aktualisierung unserer Abgabeleistungen.

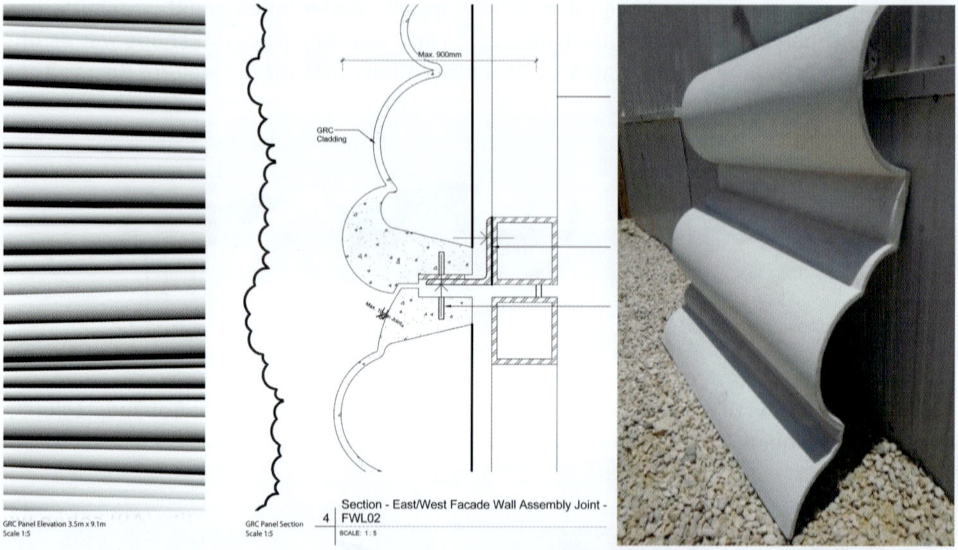

Abbildung 10: Modellstudie, technisches Detail und Mock-up für GRC-Fassadenpaneel

b) Erfahrungen

Die Erfahrungen, die wir seit dem Start mit der BIM-Methode in unterschiedlichsten Projekten sammeln konnten, sind in der Summe äußerst positiv. Die Transfer Station befindet sich seit September letzten Jahres in der Bauphase. Dies ermöglichte es uns, den Umstrukturierungs- und Lernprozess bei laufendem Projekt zu vollführen.

Die anfängliche Hoffnung einer möglichen Zeitersparnis durch den BIM-Einsatz hat sich für uns in mehrfacher Hinsicht erfüllt. So konnten wir Bearbeitungszeiten durch Programmierung und Automatisierung sich wiederholender, zeitaufwändiger Arbeitsabläufe verkürzen. Aber auch die schnelle Anpassungsfähigkeit der gesamten Abgabeleistung an neue Anforderungen, speziell bei den zuvor beschriebenen Geometrie- und Kostenanpassungen, trug zum Zeitgewinn bei.

Um Arbeitsabläufe im Projekt effizient zu gestalten, haben wir bürointerne Standards wie einen BIM- und Software-Leitfaden und Modell-Datei-Vorlagen erstellt. Diese werden durch den permanenten Rückfluss von Erfahrungen aus laufenden Projekten weiterentwickelt und bilden so eine solide Basis für neue Projekte.

Das gemeinsame Arbeiten mit allen Planungsbeteiligten in einem einzigen integrativen Gebäudedatenmodell und die damit möglich gewordene vereinfachte Kollisionsprüfung haben sich durchweg positiv auf Zeitplan und Planungsqualität ausgewirkt.

Aufgrund der durch BIM zunehmend sichtbarer werdenden Komplexität der Planung verlangt der Projektablauf von allen Beteiligten ein erhöhtes Maß an Kommunikationsbereitschaft und setzt die Aufgeschlossenheit gegenüber der neuen Arbeitsweise voraus.

4 Ausblick

a) Heute und morgen

BIM führt Planung und Koordination in einem Projekt zentraler zusammen. Mit der gezielten Einbindung von BIM in die Projektplanung und fundierten BIM-Fähigkeiten bietet sich dem Architekten die Möglichkeit, wieder verstärkt seine Führungsrolle auszubauen und damit seine treibende Kraft und Kompetenz im Planungsprozess zu behaupten. Durch die positive Erfahrung seit der Umstellung und der steigenden Nachfrage auf dem Markt zur Nutzung von BIM werden wir auch in Zukunft auf die BIM-Integration setzen, unabhängig von Nutzungsart, Größe und Umfang der beauftragten Leistungsphasen des jeweiligen Projektes.

In der Erweiterung von BIM mit Virtual Reality (VR) und Augmented Reality (AR) sehen wir in der Zukunft eine großartige und zudem nachhaltige Chance sowohl für Präsentationen wie auch für die tägliche Arbeit des Architekten. Erste Testläufe bei aktuellen Projekten sind bereits sehr vielversprechend.

Abbildung 11: KAFD Butterfly Dom, Riad, Saudi-Arabien, BIM-Projekt mit frühzeitiger Integration weiterer Projektpartner

Kurzvorstellung

Autoren

Dr.-Ing. Marcus Schreyer

Dr.-Ing. Marcus Schreyer leitet seit 2008 die Projekte zur Digitalisierung und Einführung von Lean-Methoden im Bereich der Unternehmensentwicklung bei Max Bögl. Zuvor sammelte er im Rahmen seines Forschungsaufenthalts an der Stanford University 2002 erste Erfahrungen mit „Virtual Design and Construction“, um im Anschluss daran als Projektmanager in Deutschland und den Golfstaaten sein Verständnis der Baupraxis zu vertiefen.

Als Hochschuldozent für „Building Information Management“ an der Hochschule Würzburg und im Advisory Board der buildingSMART e. V. engagiert er sich in der Verbreitung der Methodik und erhielt 2011 eine Berufung ins „International Panel of Experts for BIM“ der Regierungsbehörde BCA der Republik Singapur. Darüber hinaus ist er Mitglied in mehreren VDI-Richtlinienarbeitskreisen zu BIM sowie in Gremien des Bundesministeriums für Verkehr und digitale Infrastruktur (BMVI) für die Digitalisierung der Bauwirtschaft.

Tim Wedding

Für Tim Wedding, geboren 1988, gab es als nach dem Studienabschluss als Bauingenieur einen anderen Fahrplan als gedacht. Trotz der Vertiefung im konstruktiven Ingenieurbau zog es ihn zur Optimierung von alltäglichen Abläufen der Baustelle.

Mit der Betreuung des ersten BMVI-Pilotprojektes in der Ausführungsphase gehört er zu den Pionieren, wenn es um die Umsetzung von BIM auf der Baustelle geht. Heute unterstützt er Baustellen bei der Einführung von digitalen Methoden, ist Software Coach und berät Abteilungen bei der Implementierung von neuen Prozessen.

Unternehmen

Unternehmensgruppe Max Bögl

Leistungen/Produkte

Leistungen: Hochbau, Infrastrukturbauwerke, Stahl- und Anlagenbau, Betonfertigteile, Transport und Geräte, Roh- und Baustoffe, Rohrvortrieb, Facility Management

Produkte: Systemlösungen für Windenergieanlagen, Industriebau, Parkhausbau, Modulbauweise („maxmodul“), Fassaden („ArchitekturBeton Bögl“), Fahrwegtechnologie, Telematik („Modern Drive Technology“), Maschinenbauteile aus Beton, Stadiondächer, Intelligente Segmentbrücke Bögl („ISB“)

Art der Leistungen/Produkte

Bauleistungen in Rohbau/Stahlbau/Schlüsselfertigbau, Planungsleistungen, Betrieb von Gebäuden (z. B. Veranstaltungshallen) und Infrastrukturbauwerken, Anbieter von Systemlösungen und zugehörigen Dienstleistungen, Bauproduktthersteller sowie Anbieter von Roh- und Baustoffen

Mitarbeiterzahl

ca. 6 000 Mitarbeiter

URL zum Unternehmen

www.max-boegl.de

1 Fokus Unternehmen

a) Auslöser

Die Anfänge der BIM-Implementierung gehen bei Max Bögl zurück bis zu den Jahren 2000/2001. Aufgrund der damaligen anhaltenden Baukrise in Deutschland war die Bauindustrie geprägt von Preiskämpfen, die über den Kostendruck zu Niedriglohnarbeit und einem wenig innovativen Marktumfeld führten. Dies resultierte im Vergleich zu anderen Industrien in geringen Renditen sowie einer hohen Insolvenzrate der Firmen. Die Gesellschafterfamilie suchte für das Unternehmen damals nach alternativen Wegen, um trotz des Wettbewerbsdrucks dessen Folgen mit sinkenden Renditen und hohem Lohndruck zu entgehen. Eine zentrale Zielsetzung, die damals für die Unternehmensentwicklung festgelegt wurde, war die umfassende Innovation der handwerklich geprägten Abläufe in Vorfertigung und Projektabwicklung hin zu industriellen, digitalisierten Prozessen.

Von einer Erneuerung und Digitalisierung erwartete man signifikante Verbesserungen der Produktivität sowie Qualität in allen Projektphasen, um damit die Ziele einer Renditesteigerung bei gleichzeitigem Erhalt der Wertschöpfung in Deutschland zu erreichen. Darüber hinaus erhofft man durch die stark visuelle, teamorientierte Arbeitsweise, die BIM mit sich bringt, eine Verbesserung der interdisziplinären Zusammenarbeit, die letztendlich zu ganzheitlich orientierten, innovativen Baulösungen führt.

In der Rückbetrachtung ist die optimale Verzahnung der Anforderungen aus dem Betrieb, der Installation und der Produktion mit den Produkteigenschaften von Systemlösungen der Unternehmensgruppe wie z. B. die Feste Fahrbahn Bögl für Eisenbahn-Hochgeschwindigkeitsstrecken, die hybriden Türme der Windenergieanlagen, die Systemparkhäuser oder die modularen Wohngebäude ohne BIM nicht denkbar.

b) Einfluss auf Geschäftsmodell

Bei einer Digitalisierung der Prozesse nimmt deren Transparenz zwangsläufig zu. Hausintern bedeutet dies einen Vorteil aufgrund der Möglichkeit, verschiedene Unternehmensbereiche im Projektteam besser miteinander verzahnen zu können, so dass auch umfassendere Dienstleistungen mit hohem organisatorischem Aufwand abgewickelt werden können. Aber es wird auch eine engere Zusammenarbeit mit Partnern und Spezialisten auf Basis digitaler Prozesse erforderlich, um die interne Arbeitsweise nicht an den Unternehmensgrenzen enden zu lassen. Seitens der Bauherren nehmen wir die Erwartung wahr, dass Aussagen zu Kosten und Terminen künftig früher und verbindlicher erwartet werden und auch häufiger durch entsprechend überzeugende Konzepte nachgewiesen werden müssen. Dies alles erfordert weit höhere Planungs-, IT- und Projektmanagementkompetenzen, als dies heute selbst bei technologisch führenden Unternehmen üblich ist.

c) Einrichten von Rahmenbedingungen

Der Schwerpunkt der Digitalisierung bei Max Bögl liegt auf der Schaffung von BIM-Kompetenzen in den operativen Geschäftsbereichen. Zentrale Abteilungen, die eng mit den strategischen Führungskräften zusammenarbeiten, unterstützen die Fachabteilungen beim Erreichen ihrer Zielsetzungen sowie bei der Erarbeitung weiterer Schritte, der

Lösung von komplexen Problemen, durch die Koordination firmenübergreifender Standards auf technischer und organisatorischer Ebene. Wichtig ist hierbei die Balance zwischen dem berechtigen Anspruch der operativen Kollegen, nicht mit den Problemen und Fragen bei einer Prozessveränderung und neuen Werkzeugen alleine gelassen zu werden, und der Inanspruchnahme der BIM-Experten als einer nützlichen Arbeitsreserve nicht zu verlieren.

Der Fokus der Digitalisierung verlagert sich zunächst von unseren Kernprozessen aus zu den Schnittstellen der zuarbeitenden Sekundärprozesse. Auch hier sind zunächst die internen Sekundärprozesse optimal anzubinden und auf die Kernprozesse auszurichten. Erst durch die Schaffung einer ausreichenden Zahl interner Experten in den Fachbereichen ist es möglich, operative Prozesse zu verändern und diese dabei ausreichend intensiv begleiten zu können. Das Risiko, dass die „alten" Vorgehensweisen sich bei Problemen, die nicht zeitnah behoben werden können, wieder einstellen, ist sonst zu hoch.

Bzgl. der Kommunikationsstrategie sollte diese stets eine strategische sowie eine projektbezogene Ebene enthalten. Im Unternehmen werden die strategische Zielsetzungen zu BIM von der Unternehmensspitze definiert. Die Führungskräfte der operativen Geschäftsbereiche arbeiten daraufhin zusammen mit den BIM-Experten Konzepte aus, wie diese Zielsetzungen erreicht werden können. In regelmäßigen Jours fixes mit den operativen BIM-Fachleuten sowie deren Führungskräften in der stationären Fertigung wie auch auf den Baustellen wird die Umsetzung dieser Ziele dann auf Projektebene im zumeist wöchentlichen Rhythmus verfolgt. Begleitet werden diese Jours fixes von regelmäßig stattfindenden Arbeitskreisen zu Themen der IT und der Organisation als auch von Schulungsangeboten. Hierbei sind auch Einzelschulungen bzw. die Bildung kleiner Gruppen häufig sinnvoll, in denen oft offener über konkrete Probleme und Fragestellungen gesprochen werden kann.

d) Anwendungsfälle

Der Erfolg der Bauausführung ist im hohen Maße abhängig vom Verständnis und der Bewertung der Zielsetzungen des Bauherrn sowie der daraus abgeleiteten planerischen Vorgaben. Nur dann können, zumeist im Team mit Kollegen und Spezialunternehmen, passende Methoden für die Realisierung einer Bauaufgabe entwickelt werden.

BIM unterstützt die Max Bögl Gruppe in diesen vorbereitenden Planungsprozessen auf vielfältige Weise. So helfen die Modelle dabei, Bauaufgaben in ihrer Komplexität zu veranschaulichen und dienen bei der Teamarbeit der Gruppe als gemeinsame, eindeutige Abstimmungsgrundlage. Durch eine weitere Qualifizierung der virtuellen Bauteile mit Eigenschaften lassen sich zudem verschiedenste Auswertungen, wie z. B. Mengenermittlungen, vornehmen. Damit werden diese vormals in 2D aufwändigen Prozesse in großen Teilen automatisierbar und somit zuverlässiger und transparenter, was wiederum das Risiko von Auswertungsfehlern mit in der Konsequenz falschen Entscheidungen signifikant senkt.

Durch die Möglichkeit zur computerunterstützten Überlagerung und Integration verschiedener Datenarten, wie sie für 4D-Bauablaufvisualisierungen und 5D-Modelle typisch sind, können Risiken unzureichend koordinierter Planungsvorgänge auch bei Termin-,

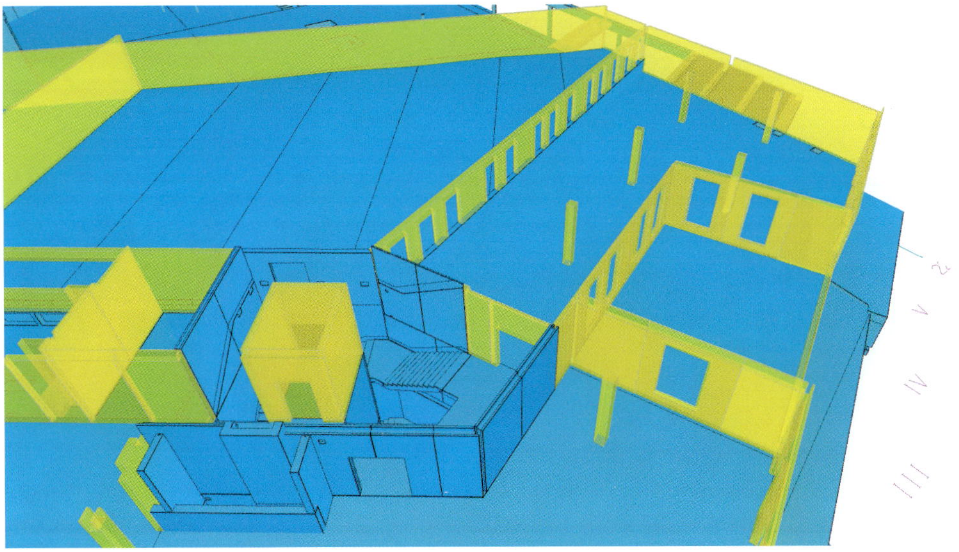

Abbildung 1: Reduzierte Darstellungen helfen, die zentralen Fragestellungen schnell zu koordinieren

Ressourcen- und Kostenplanung minimiert werden. Solche interdisziplinären Datenmodelle bieten eine transparente Arbeitsgrundlage für die Planungsabstimmung in entsprechend zusammengesetzten Projektteams.

Treibt man diesen Gedanken noch weiter und bindet die Baustellensituation mit ein, so kann die Dokumentation der Bauausführung ebenfalls von BIM profitieren. Den meisten Modellen liegen Soll-Vorgaben aus der Planung zugrunde: Soll-Geometrie, Soll-Termine, Soll-Ressourcen etc. Eine grafische Auswertung im Projektcontrolling lässt sich realisieren, wenn diesen Vorgaben auf der Baustelle Ist-Daten gegenübergestellt werden. Über farbcodierte Visualisierungen oder auf Modelldaten basierende Berichte wird auf diese Weise die Bauleitung in der Dokumentation entlastet werden und Abweichungen werden frühzeitig erkannt, so dass rechtzeitig gegengesteuert werden kann

Da Max Bögl ein Unternehmen mit umfangreicher Vorfertigungskompetenz und mehreren leistungsfähigen Werken ist, spielt die Nutzung der Modelle zur digitalen Planung und Ansteuerung von Produktionsprozessen und -anlagen eine wesentliche Rolle. Auch im Bereich der stationären Werke werden Soll-Ist-Vergleiche eingesetzt, um Qualitätsvorgaben aus dem Modell mit den tatsächlichen Messwerten zu ergänzen.

Betrachtet man rückblickend die Entwicklung der Digitalisierung in der Unternehmensgruppe Max Bögl, so lassen sich einige für Bauunternehmen typische Muster erkennen. Die Entwicklung begann zunächst mit dem Erstellen noch verhältnismäßig einfacher Modelle zur Visualisierung ausgewählter Schlüsselprojekte mit hohen Koordinationsrisiken. Nach und nach wurde auf Grundlage dieser Modelle mit weiteren BIM-Anwendungen wie Visualisierungen, Mengenermittlungen, 4D-Bauablaufvisualisierungen und Baustellenmodellen die Wertschöpfung der Modellierung erhöht.

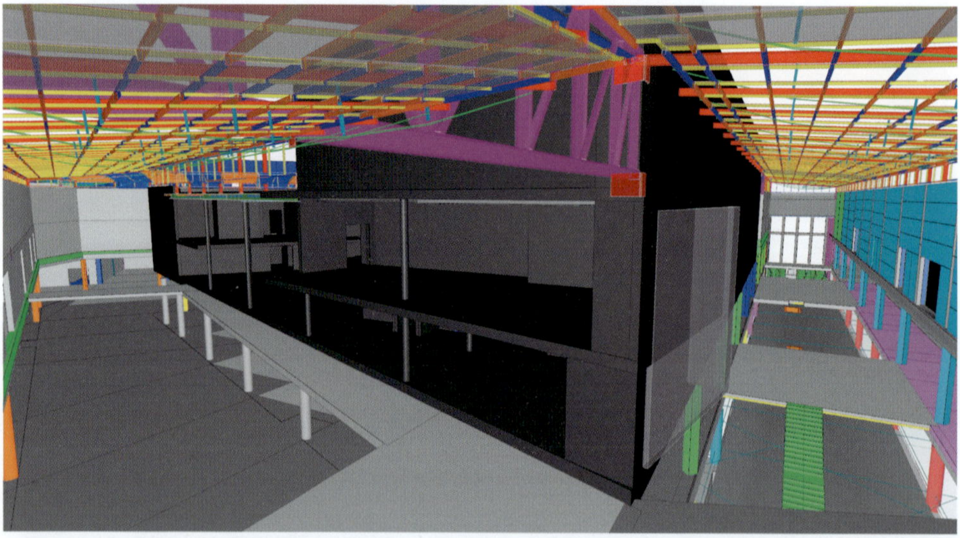

Abbildung 2: Die Komplexität der Modellierung wird im Zuge der höheren Wertschöpfung zunehmend umfangreicher

Reichten anfangs für ausgewählte Projekte wenige BIM-Experten aus, so musste für den nächsten Schritt eine kritische Menge ausgebildeter BIM-Anwender erreicht werden. Ziel war, eine relativ überschaubare Zahl von BIM-Anwendungen unternehmensweit und in allen Geschäftsbereichen einzuführen.

Damit konnte die Anwendung von BIM in mehreren Unternehmensteilen von der Ausnahme zur Regel verändert werden. Die neue Arbeitsweise wurde damit institutionalisiert und erreichte den Arbeitsalltag. Diese Phase war sehr wichtig, da die Wissensausbreitung in der Folge nicht mehr auf die BIM-Experten beschränkt war, sondern über die BIM-Anwender auch die nicht IT-affinen operativen Know-how-Träger im Unternehmen begannen, sich mit den Möglichkeiten von BIM auseinanderzusetzen. Der Veränderungsprozess bekam dadurch von der Basis neue Impulse, die dann auch in zunehmendem Maße den Veränderungsprozess beschleunigten.

Eine größere Herausforderung besteht jedoch darin, BIM live, d. h. mit stets aktuellen, die Prozesse führenden Modellen, auf der Baustelle zu betreiben. Neben der zeitnahen Bereitstellung entsprechend detaillierter Ausführungsmodelle mit den Planungsdaten müssen die Modelle auch auf der Baustelle um Ist-Daten für das Controlling ergänzt werden. Dafür müssen die BIM-Prozesse im Innendienst bereits weitgehend etabliert sein und Personen oder Strukturen geschaffen worden sein, welche die Baustellen zeitnah unterstützen können. Modelle müssen ausführungsgerecht und sehr detailliert sein, was deren Datenmenge und IT-Anforderungen an die Anwenderhard- und -software wachsen lässt. Auch ist die IT-Anbindung und Ausstattung der Baustellen komplexer als im Büro. Bei der Anbindung von BIM an zentrale kaufmännische Prozesse des Controllings stellen sich noch darüber hinaus Anforderungen an die Aktualisierungsfrequenz der Daten. Häufig werden aufgrund der großen Datenmengen bei einer modellbasierten Arbeitsweise und der eingeschränkten Bandbreite auf Baustellen die Daten nachts oder mehrmals täglich synchronisiert. Eine aus Baustellensicht wünschenswerte Echtzeitaktualisierung der Projektdaten stellt noch weitergehende Anforderungen an die Wege und Methoden der modellbasierten Kommunikation zwischen den Kollegen im Baufeld mit ihren Mobilgeräten, der Baustellenkommunikationsinfrastruktur und zentralen Diensten. Trotz dieser Herausforderungen ist für ein Bauunternehmen wie Max Bögl die Baustelle der zentrale Ort der Wertschöpfung und daher das Ziel der Digitalisierungsbestrebungen.

e) Mitarbeiter

BIM hat bereits begonnen, typische Tätigkeitsprofile nachhaltig zu verändern. Mengenermittler, Terminplaner und Arbeitsvorbereiter. Neue Herausforderungen entstehen im Bereich der Fertigung. Sowohl in der stationären Fertigung als auch im Bereich der Maschinenführer auf den Baustellen sehen sich diese mit einer immer stärkeren Automatisierung konfrontiert, die entsprechend ausgebildete, kompetente Mitarbeiter benötigt.

Auch Bauleiter und Projektleiter genauso wie Führungskräfte, die mit Bauherrn im Dialog stehen, werden in zunehmendem Maße mit Fragen und Anforderungen zum Thema BIM konfrontiert und müssen diese in ihrer Projektabwicklung einplanen. Bei Max Bögl stand von Anfang an der Aufbau entsprechender Kompetenzen in den operativen Bereichen im Mittelpunkt. Um diese bei der Erarbeitung von Arbeitsgrundlagen sowie bei Problemen zu entlasten, werden die operativen Kollegen von zentralen Abteilungen unterstützt. Die Unterstützung ist bei manchen Themen konzeptionell, beratend, manchmal als reiner Support oder es werden auch als „Proof of Concept“ überschaubare Arbeitsschritte selbst übernommen. Diese Mischung aus Fördern und Fordern hat sich bei uns im Unternehmen gut bewährt und zu einem konstruktiven Dialog zwischen Operativen und BIM-Experten geführt.

2 Fokus Projektabwicklung

a) Risiken und Verbesserung

Hier wären vor allem Datenschutz und Datensicherheit zu nennen. Die Herausforderung liegt darin, diese wichtig zu nehmen, da sie gesetzlich gefordert sind. Dabei wäre in der Umsetzung weniger der technischen Fortschritt, sondern vielmehr dessen Missbrauch zu verhindern.

b) Projektpartner und Auftraggeber

Gutes Beispiel. Referenzprojekte. Projektpartner durch Unterstützung bei Problemen, Wissen teilen.

Auftraggeber schreiben allerdings momentan häufig aus eigenem Antrieb BIM-Leistungen aus. Dabei durften wir bereits öfters die Erfahrung machen, dass die Diskussion dieser Leistungen vor dem Hintergrund der Erfahrungen bei uns im Haus zu neuen Sichtweisen bei unseren Bauherren geführt hat und wir in dieser Thematik als kompetenter Partner und weniger als Dienstleister wahrgenommen werden.

3 Fokus Projekt

a) BIM-Projekt

Das Stadtquartier Neuer Markt hat für die Firma Max Bögl einen besonderen Stellenwert. Das Einkaufszentrum mit integriertem Kino, Büros sowie Praxisräumen steht im Zentrum der Stadt, für die Max Bögl der größte Arbeitgeber ist. Im Rahmen des Projekts nimmt Max Bögl gleich mehrere Rollen ein: Die Unternehmensgruppe tritt als Bauherr/Investor, Projektentwickler, Generalunternehmer und Betreiber auf und übernimmt Planungs- sowie Vorfertigungsaufgaben für Fassade, Betonfertigteile und Stahlbau. Die Vielzahl der unternehmensinternen Schnittstellen in der Projektorganisation im Zusammenspiel mit dem hohen Anspruch an die Ausführungsqualität macht die Anwendung von Building Information Modeling bei dieser Bauaufgabe so interessant.

Zum Zeitpunkt der Vergabe der Planungsleistungen in den Jahren 2009/2010 war es noch schwierig, Architekten- und Ingenieurbüros zu finden, die bereits in ausreichender Zahl entsprechend BIM-kompetente Mitarbeiter in ein Projekt dieser Größe und Komplexität einbringen konnten. Die ersten Planungen erfolgten daher in 2D und dienten später als Grundlage für Koordinations- und Ausführungsmodelle. Die Erstellung und Nutzung der Modelle begann dadurch erst in den Phasen der Ausführungsplanung, der baubetrieblichen Arbeitsvorbereitung, der Bauausführung sowie der Projektübergabe in den Gebäudebetrieb.

Die Komplexität der Planung ergab sich u.a. durch eine außergewöhnliche architektonische Lösung für die Fassade. Es handelt sich dabei um eine Bandfassade mit sehr dünnen textilbewehrten Betonelementen, welche der Fassade eine abwechslungsreiche Struktur verleihen. Aus Sicht der Produktion konnten nur wenige der Betonfertigteile exakt gleich produziert werden. Die Fassade wurde daher parametrisch modelliert. Das bedeutet zum einen, den Prozess der Fertigteilkonstruktion bis ins letzte Detail zu planen, zum anderen jedoch die Flexibilität zu geben, spätere Änderungen mit möglichst wenig Aufwand durchzuführen. Hilfreich war hierbei das eigene Fertigteilwerk im nahegelegenen Sengenthal.

Durch die parametrische Planung konnten die 687 Betonfertigteile in einem verhältnismäßig kurzen Zeitraum geplant und wirtschaftlich im eigenen Fertigteilwerk hergestellt werden. Maximal neun Teile waren dabei gleich, wobei die meisten Teile aufgrund der unterschiedlichen Farbe und Geometrie Unikate sind. Durch den hohen Automatisierungsgrad konnten Änderungen an der Fassade innerhalb eines Tages umgesetzt werden, selbst wenn alle Bauteile betroffen waren. Mit den erzeugten Daten konnten nicht nur Werkstattplanungen, sondern auch CAM-Steuerungsdaten für Schweiß- und Biegeanlagen für die Bewehrung zur Verfügung gestellt werden. Alle Bauteile wurden anschließend mit Hilfe der Kollisionsprüfung gegeneinander geprüft, um Überschneidungen und Konflikte frühzeitig zu erkennen und zu beheben.

Neben der 4D-Simulation, welche zum Standard bei Max Bögl gehört, wurde BIM in weiten Teilen des Qualitätsmanagements sowie der Vorfertigung eingesetzt.

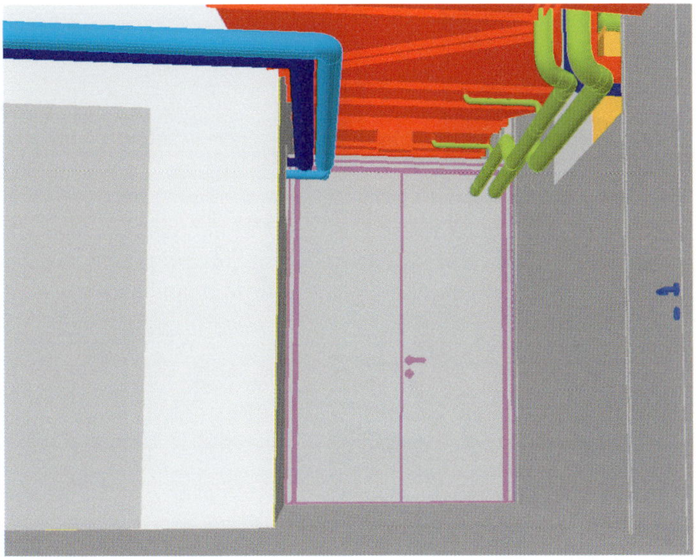

Abbildung 3:
Kollisionsprüfung

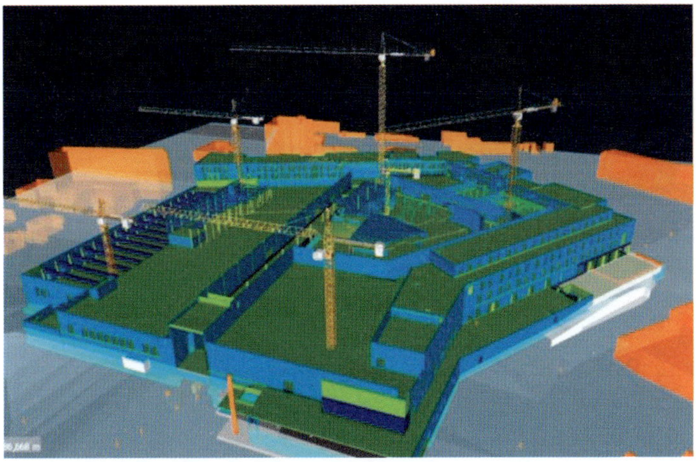

Abbildung 4:
Stadtquartier Neuer Markt

Neben dem hohen Grad der Vorfertigung wurde insbesondere das Qualitätsmanagement unterstützt. Die Vielzahl an Vertragspartnern wurde hierzu von Beginn an eingebunden und geschult. Zum Einsatz kam ein cloudbasiertes Tool, mit welchem von Tablet Computern aus direkt bei der Begehung Checklisten zur Qualitätsprüfung sowie generelle Problempunkte zentral dokumentiert und verarbeitet werden konnten. Berichte wurden so automatisch erstellt und an die verantwortliche Firma gesendet. Diese konnte direkt über das System antworten und Informationen wie Fotos oder Daten anhängen.

Auf diese Weise werden die Daten gleich bei der Erstellung strukturiert, Metainformationen zur Erstellungszeit den Beteiligten zugeordnet, was eine spätere Suche nach Informationen deutlich vereinfacht.

Abbildung 5:
Cloudbasiertes Arbeiten während der Begehung

b) Erfahrungen

Nachdem Max Bögl bereits Erfahrungen in zahlreichen BIM-Projekten sammeln konnte, gehören Anwendungen wie die 4D-Simulation oder Maschinenansteuerung zum alltäglichen Geschäft. Die Herausforderung im Fallbeispiel lag insbesondere in der Komplexität zwischen Planung und Ausführung im Werk sowie in der Koordination der über 60 Nachunternehmer.

4 Ausblick

a) Heute und morgen

Insbesondere beim Einsatz der QM-Lösung via Tablet haben wir in dem Projekt dazugelernt. BIM-Methoden können nur dann funktionieren, wenn sie zum einen vorgelebt und zum anderen konsequent eingesetzt werden. Dazu gehört auch, gemeinschaftlich mit den Vertragspartnern entsprechende Vereinbarungen zu treffen. Am Ende der Bauzeit sammelten sich mehrere Tausend Klärungspunkte, wobei alle Bereiche der Ausführung tangiert wurden. Auch in Bezug auf die Übergabe modellbasierter Informationen aus der Bauphase für die CAFM-Systeme des Gebäudebetriebs konnten bei diesem Projekt erste Erfahrungen gesammelt werden, die inzwischen bei weiteren Projekten umgesetzt werden. Am Projekt Neuer Markt konnten daher vielfältige neue Methoden zur Erfassung und auch Nutzung der Modelldaten erprobt werden, die aus heutiger Perspektive nicht nur einen Gewinn für alle Beteiligten, sondern auch für weitere Projekte darstellen.

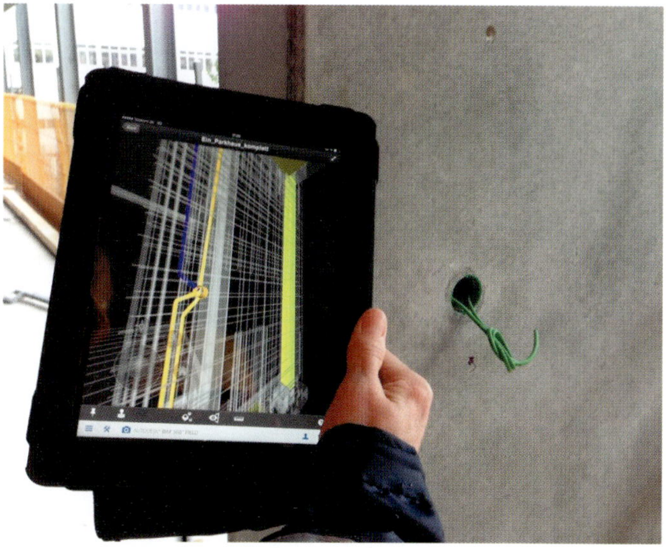

Abbildung 6:
QM Tablet in der Praxis

Kurzvorstellung

Autoren

Dipl.-Ing. (FH) Dipl.-Wirtsch.-Ing. (FH) Markus Sailer

Markus Sailer (geb. 1970) absolvierte eine Maurerlehre und arbeitete danach als Polier im elterlichen Betrieb. Das darauffolgende Studium zum Bauingenieur schloss er erfolgreich an der Hochschule Biberach ab. Während er von 1998 bis 2007 in verschiedenen Planungsbüros tätig war, studierte er berufsbegleitend Wirtschaftsingenieurwesen. Danach war er bis 2009 im Maschinenbau tätig und bildete sich zum Gießerei-Fachingenieur VDG weiter. Seit 2009 ist Markus Sailer Teamleiter bei der Scherr+Klimke AG und seit 2014 Mitglied des Vorstands.

M.Eng. Dennis Pfaff

Dennis Pfaff (geb. 1990) studierte nach dem Abitur Projektmanagement (Bau) an der Hochschule Biberach. Schon während des Bachelor-Studiums sammelte er wertvolle Praxiserfahrung in einer renommierten Baufirma. Ebenfalls in Biberach schloss er das Masterstudium im Studiengang Projektmanagement (Bau) ab. Dieses wurde begleitet von einem Praktikum in Katar, bei dem der Schwerpunkt auf BIM im internationalen Umfeld lag. Dennis Pfaff schloss mit einer Masterarbeit bei der Scherr+Klimke AG sein Studium erfolgreich ab und ist seitdem dort als BIM-Manager tätig.

Unternehmen

Scherr+Klimke AG
Ulm | Neu-Ulm | Ingolstadt
Edisonallee 19, 89231 Neu-Ulm

Leistungen/Produkte

Bei Scherr+Klimke planen und steuern Bau-, Logistik-, TGA-Ingenieure, Projektmanager und Architekten weltweit anspruchsvolle Projekte. Diese Erfolgskonzepte der integralen Planung bestimmen maßgeblich die Zukunft unserer Auftraggeber.

Unser Ziel ist, Funktion, Technik, Ästhetik, Umwelt und Wirtschaftlichkeit professionell so miteinander zu verbinden, dass eine zielkonforme Harmonie und perfekte Einheit aller eingesetzten Elemente geschaffen wird. Dabei entstehen Bauwerke, die nicht nur dem Primat der Ästhetik, Nachhaltig- oder Wirtschaftlichkeit entsprechen, sondern möglichst allen Anforderungen gerecht werden – auch im Sinne eines „Green Building“.

Mitarbeiterzahl

Stand 01/2017: 108 Mitarbeiter (Architekten, Ingenieure, Projektsteuerer, Logistiker, Projektmanager)

URL zum Unternehmen

http://www.scherr-klimke.de

1 Fokus Unternehmen

a) Auslöser

Die ersten Schritte

Bereits 2005 hat Scherr+Klimke den ersten Schritt gemacht und eine BIM-Software zur 3D-Planung eingesetzt. Auslöser hierfür war, dass zu diesem Zeitpunkt Softwaretools auf den Markt kamen, die die Erstellung eines 3D-Gebäudemodells aus parametrisierten Objekten ermöglichten. Die Modellerstellung erfolgte bis zu diesem Zeitpunkt aus 3D-Volumenkörpern, die als Einzelbauteile modelliert und zusammengesetzt wurden. Es wurde möglich, die sehr individuellen Gebäudegeometrien in einzelne, parametrisierbare Objekte zu zerlegen und daraus das Gesamtgebäudemodell zusammenzusetzen – somit das Building Modeling zu ermöglichen. Bisherige Arbeiten wie das Nachziehen von Schnitten konnten dank der konsistenten Planableitung aus einer Datenbasis größtenteils vermieden werden. Grundrisse und Schnitte, die aus einer Datenbasis generiert wurden, sind in sich stimmig.

Fehlerquellen aufgrund ungleicher Planungsgrundlagen der einzelnen Planungsfakultäten konnten ebenfalls verringert werden und die Planungsqualität stieg. Die Methodik im Planungsablauf wurde verändert und den neuen Möglichkeiten angepasst.

Die anfänglich erwünschten Ziele konnten erreicht werden. Kontinuierliche Abstimmungen im und mit dem Modell führen zu einem deutlich effizienteren und damit besseren Planungsablauf.

Zukunfts-Chance der Digitalisierung in der Baubranche

Klar ist, dass das Building Modeling, wenn es denn mit Informationen an den Objekten verknüpft wird, Grundlage für weit mehr sein kann. Aus unserer Sicht ist eine durchgängige, modellgestützte, visualisierte und simulierte Produktentwicklung und -fertigung einer der Gründe, warum andere Industriezweige im Vergleich zur Bauindustrie in der Wertschöpfung weit voraus sind.

Bisher wird ein vollständiges BIM-Modell erst erstellt, wenn der Bauherr dieses fordert. Aber ist es nicht wichtiger, den Fokus vermehrt auf den Planungs- und Bauprozess zu richten? Um einen effizienten Gesamtprozess zu erreichen, müssen jedoch die vorgegebenen Strukturen in der Vergabe, Ausschreibung, Planung etc. – vor allem in Deutschland – angepasst werden. Man sollte nicht versuchen, die neue BIM-Methodik in den alten Prozess zu zwängen.

Im nächsten Jahrzehnt bietet sich der Baubranche die historische Chance, gegenüber anderen Branchen aufzuholen. Die Digitalisierung des Gebäudemodells kann wesentlich dazu beitragen, die Effizienz im Planungs- und Bauprozess sowie in der Gebäudebewirtschaftung und die Wertschöpfung unserer Arbeit zu verbessern.

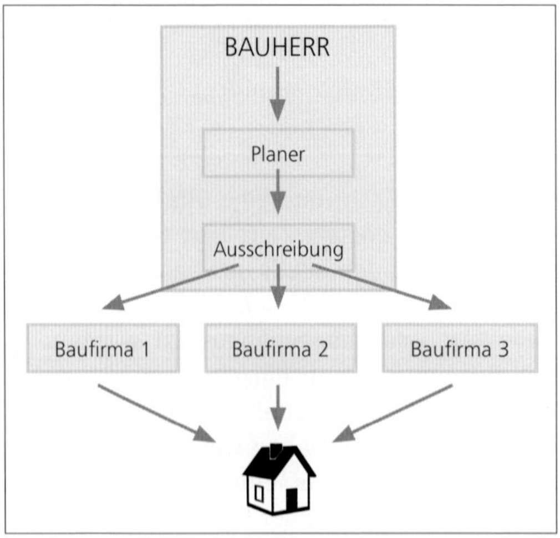

Abbildung 1: Konventionelle Methodik

b) Einfluss auf Geschäftsmodell

Im Zeichen der immer voranschreitenden Digitalisierung hat sich „BIM" zu einer Hype-Begrifflichkeit entwickelt. Die Hoffnung liegt in der Vernetzung von bisher nicht verknüpften Informationen, um daraus einen wirtschaftlichen Vorteil zu generieren. Aktuell entwickelt sich aus unserer operativen Erfahrung die Erkenntnis, dass vor dem wirtschaftlichen Erfolg ein grundsätzliches Umdenken erforderlich ist. Die gemeinschaftliche Arbeit im Datenraum schafft Hierarchien ab. So gibt es keinen „Head of" oder grundsätzlich Verantwortlichen mehr. Dies wiederum beeinflusst massiv das Geschäftsmodell, die Organisationsstruktur und zwingend auch die Arbeitsweise.

Ein klarer spezifischer Vorteil für „den" bestimmbaren Einzelnen ist heute noch nicht zu benennen. Ob und wenn ja wer von dieser Digitalisierung in Zukunft profitieren wird, ist für uns noch nicht abzusehen. Sicher ist aber, dass die Erwartungshaltung unserer Auftraggeber schon heute die ist, den gesamten Lebenszyklus einer Immobilie zu betrachten, im Modell abzubilden und die zugehörigen Informationen im Modell dar- bzw. bereitzustellen.

In einem digitalisierten Gebäudemodell wird der Planungsprozess nur noch ein Teil der Aufgabenstellungen sein, die von unseren Kunden gewünscht werden. Unsere Planungslandschaft wird sich in unserer Einschätzung nachhaltig verändern und kleine Büros mit einzelnen Planungsschwerpunkten werden sich somit den neuen Herausforderungen am Markt anpassen müssen.

Als eine besondere Schwierigkeit im ersten Schritt zum Gebäudemodell haben wir die Schnittstellen zwischen den einzelnen Fachplanern der jeweiligen Fachgewerke erkannt. Möglichst viele Planungsschwerpunkte im eigenen Unternehmen erbringen zu können, vermindert das Risiko für das Projekt, da Schnittstellen reduziert werden können. Das wurde von uns schon früh erkannt und aus diesem Grund streben wir an, alle Planungsschwerpunkte im Unternehmen bearbeiten zu können.

Das Bauen und der Bauprozess werden ebenfalls eine größere Rolle im Planungsprozess einnehmen. Die Informationen für den Bauprozess und aus dem Bauprozess ins Gesamtmodell einzupflegen, wird für die Prozesssteuerung erforderlich und für das Betreiben unbedingt erforderlich sein.

Das Modellmanagement für dieses Gesamtmodell zu erstellen und über die Bewirtschaftungsdauer einer Immobilie zu betreuen, ist somit grundsätzlich unser Ziel. Ein Team aus Mitarbeitern/-innen betreut das BIM-Management und entwickelt dieses ständig weiter. In einer durchgängigen, modellgestützten, visualisierten und simulierten Immobilienplanung sehen wir Chance und Risiko zugleich – es wird in Zukunft entscheidend sein, das Informationsmanagement einer Immobilie vom Planen über das Bauen und für das Betreiben aufbauen und über die Nutzungsdauer betreuen zu können. Ziel ist, ein holistisches Gebäudemodell zu entwickeln, ein BigBIM, welches alle Informationen von der ersten Idee bis zum Rückbau der Immobilie beinhaltet.

c) Einrichten von Rahmenbedingungen

Bei einer Planung am Gebäudemodell wird schnell klar, dass alle Projektbeteiligten über den 3D-Raum, das BigBIM, kommunizieren und sich auch koordinieren. Als Folge sind alle Informationen des Bauens und alle relevanten Informationen für die Gebäudebewirtschaftung in das Gebäudemodell zu integrieren.

Da alle Projektbeteiligten auf das Gebäudemodell zugreifen müssen, ist es erforderlich, hierfür Regeln zu definieren. Schon zu Beginn der ersten 3D-Modellierungen wurde jedoch deutlich, dass die Regulierung von der Arbeitsweise im 2D-Planungsraum stark abweicht.

Der 2D-Plan (der im Regelfall von einem Mitarbeiter/-in erstellt wurde) ist nun Teil des Modells und somit nur noch „eine Ansicht" auf das Modell. Die Bearbeitung des Gebäudemodells erfolgt durch mehrere Mitarbeiter im Team gleichzeitig und selbst der 2D-Plan als Arbeitsergebnis ist ein Teamergebnis. Das Gebäudemodell ist kontinuierlich in Anpassung und eine Kontrolle des Planungsergebnisses erfolgt nicht mehr bzw. nur bedingt am 2D-Plan.

Die Rahmenbedingungen für diese Arbeitsweise definiert zu Projektbeginn der Projektleiter in Zusammenarbeit mit dem BIM-Manager und in Abstimmung mit dem Bauherrn für jedes Projekt von neuem. Es werden Abstimmungen zu den Verantwortungsbereichen der Projektbeteiligten getroffen und Bauräume werden definiert. Eine von der 2D-Planung grundsätzlich abweichende Vorgehensweise.

Planung als kontinuierlicher Prozess

Es sind Regulierungen zu treffen, in wessen Verantwortung einzelne Objekte liegen. Wer bringt diese „ins Modell" und versieht sie mit Informationen? Wir haben hier den Begriff der konstruktiven Anarchie geprägt, da die einzelnen Änderungen in einem kontinuierlichen Prozess nur bedingt dokumentiert werden können. Einzelschritte an Objekten werden von unterschiedlichen Projektpartnern erstellt und von diesen in unterschiedlichen Leistungsphasen (Levelings/LODs) ins Modell integriert. Diese Methodik ist zielführend und unterstützt das BigBIM.

Sicherlich wird jedoch ein Bauherr diese konstruktive Anarchie nie akzeptieren. Er wird schnell einen Verantwortlichen fordern, den er bei Mängeln und Planungsabweichungen in die Haftung nimmt. Die Entwicklung zum Gesamtplaner (alle Planungsfakultäten aus einer Hand) und zum Systemanbieter (oder gar zu EPC-Modellen) ist aus unserer Sicht konsequent und unumgänglich.

Die konsequente Entwicklung zu partnerschaftlichen EPC-Modellen (Engineering-Procurement-Construction) kann hier eine Lösung für viele Fragen bieten und wird dadurch die Rahmenbedingungen weiter beeinflussen.

Bauraum – nicht Schnittstelle!

Während der Erstellung eines BigBIM ist es von enormer Wichtigkeit, dass alle Planungsbeteiligten nur Objekte definieren bzw. mit Informationen versehen, die sie auch verantworten. Um dies zu gewährleisten, sprechen wir von einem „Bauraum", d.h. jedem Planungsbeteiligten wird in diesem Bauraum ein „Planungsraum" mit entsprechenden Grenzen zugewiesen. Das können Aussparungskorridore für die Lüftungsführung, Trägerabmessungen eines Hallendaches oder Ähnliches sein. Die Koordination dieser Bauräume erfolgt durch das Planungsteam in Planungsbesprechungen bzw. zu Beginn und als Fortschreibung in Koordinationsrunden in Abstimmung mit dem BIM-Manager. Die synchrone Arbeitsweise ohne Einschnitte wird zusätzlich durch ständige Kommunikation zwischen den Projektbeteiligten verbessert (s. Abbildung 2). Wir bevorzugen diese anarchische Struktur. Die hierarchische „top-down"-Struktur ist aktuell noch Standard und lässt sich sehr schwer mit modernen Planungsweisen vereinbaren.

Falls sich während der Modellierung herausstellt, dass die Bauraumgrenzen nicht eingehalten werden, ist der Bauraum neu zu definieren. Jeder verantwortet somit die Informationen, die er ins Modell einpflegt. Kollisionen sind von jedem Planungsbeteiligten unmittelbar zu benennen und konsequent zu vermeiden.

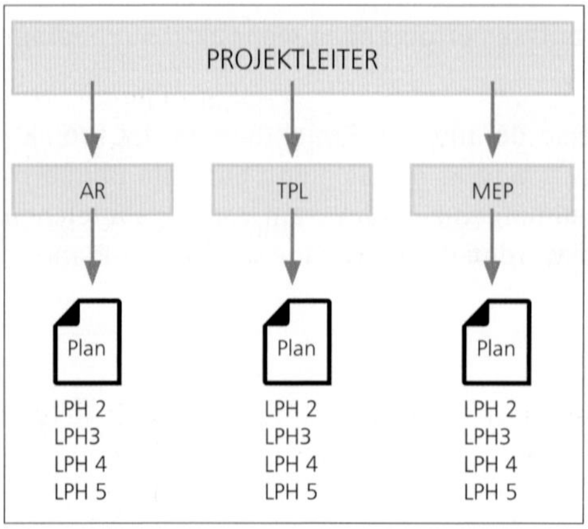

Abbildung 2-1: Klassischer Planungsablauf

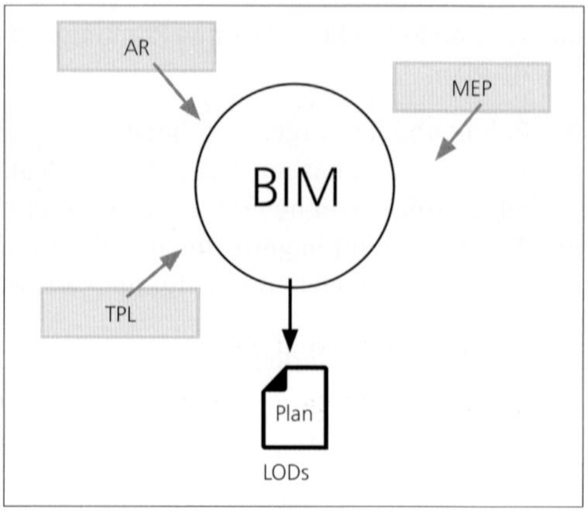

Abbildung 2-2: Anarchisches Modell, BIM-Planung

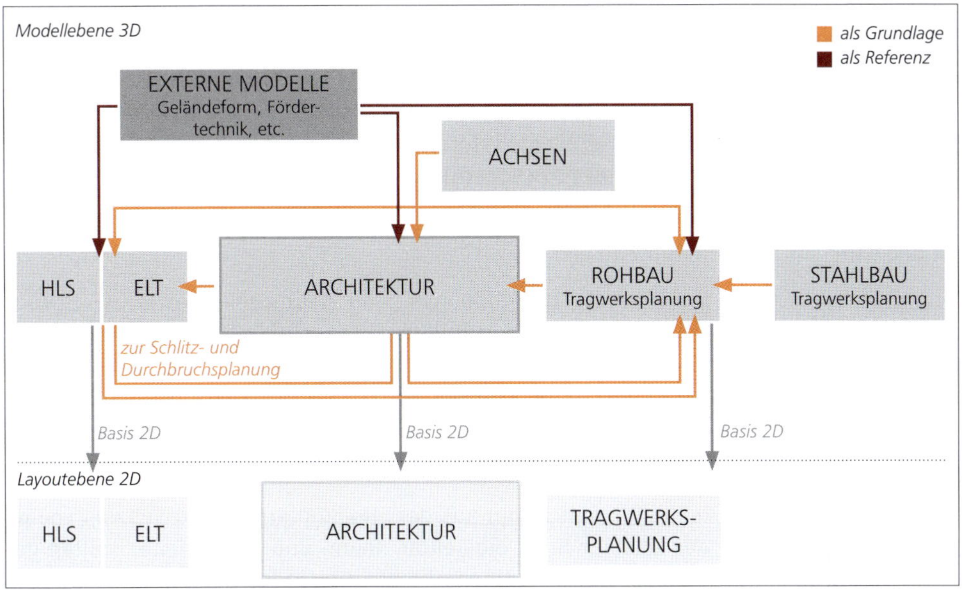

Abbildung 3: Referenzierung der Modelle

Um die Zuständigkeiten in diesem Modellierungsansatz eindeutig zu bestimmen, wird das Gesamtmodell in Gewerkemodelle aufgeteilt. Diese werden dann in ein Gesamtmodell bzw. in Arbeitsmodelle der Gewerke referenziert (Abbildung 3). Die Koordination aller Gewerke findet somit im Modell über die Objekte mit den zugehörigen Informationen statt. Kollisionen können konsequent erkannt und vermieden werden.

d) Anwendungsfälle

Als Generalplanungsunternehmen profitieren wir ganz klar von der BIM-Methode. Die Ausschreibung über das Modell bietet uns Mehrwerte, die aus einer guten Modellstrukturierung durch die Planer und Konstrukteure erreicht werden. Somit bleibt die Verschiebung von Aufwand und Mehrwert innerhalb des Unternehmens. Dieses Phänomen zeigt sich auch in anderen Anwendungsfällen. Nimmt man die Terminplanvisualisierung und -auswertung, so können vor allem die In-house-Bauleitung und Projektsteuerung davon profitieren.

Workflow in der Anwendung

Um die Mehrwerte der Anwendungsfälle weiter ausschöpfen zu können, ist die Erstellung eines BigBIM nötig. Das gesamte Modell in derselben Software abzubilden, ist dabei für unsere, stark koordinativen Belange als Generalplaner von größter Notwendigkeit, denn jede Schnittstelle bedeutet einen Datenverlust bzw. eine Reduzierung der Informationen der Einzelobjekte. Ein ClosedBIM-Modell erfordert dabei einen angemessenen Zeitaufwand für das BIM-Management und ist für unsere Anwendungsfälle prozesssicher.

Die Handhabung der Gebäudemodelle im 3D-Raum ist über die derzeitig verfügbaren IFC-Schnittstellen möglich, sodass bspw. Pläne abgeleitet werden können. Für die 4D/5D-Auswertungen sind OpenBIM-Modelle möglich, jedoch sind der Zeitaufwand für die Koordination der Schnittstellen höher und der Kontrollaufwand in der Datenauswertung für uns ebenfalls hoch. Ein Rückschreiben der Informationen aus der Bauausführung verläuft aus unserer Perspektive nur bedingt wirtschaftlich.

Es entsteht ein Bruch in der Methodik. Für unsere Anwendung sehen wir ein OpenBIM-Modell somit als nicht zielführend an.

Grundsätzlich streben wir also an, den Planungs- und Bauprozess sowie die Bewirtschaftung in einem Modell als ClosedBIM abzubilden. Unsere BIM-Methodik wird nicht an die gewachsenen Strukturen im Planungs- und Bauprozess angepasst. Der Planungs- und Bauprozess soll der BIM-Methodik angepasst werden.

e) Mitarbeiter

Die Funktionsweise zu kennen, um nicht nur aus der „Helikopterperspektive" das Thema BIM zu betrachten, ist aus unserer Sicht elementar. Team- und Projektleiter sollten genauso die Arbeitsweise kennen wie diejenigen, die das Gebäudemodell erstellen. Daher ist es wichtig, dass das gesamte Projektteam die Software-Tools und die Methodik, wenigstens in den Grundlagen, beherrscht und ständig weiterentwickelt. Dabei setzen wir nicht nur auf konventionelle Software-Schulungen, sondern nutzen Video-Tutorials und fördern den aktiven Wissensaustausch über Foren oder die Weitergabe von internem Wissen über In-house-Schulungen.

Ein Standardprozess, den neue Mitarbeiter durchlaufen, sind Grundlagenschulungen in der Modellierungs-Software. Hier werden die unternehmensweiten Grundsätze der Modellierung vermittelt, mit denen der einheitliche Standard von Gebäudemodellen erreicht werden soll. Auf den zentralen Netzwerk-Laufwerken finden sich zudem Video-Mitschnitte aus den In-house-Schulungen und Video-Anleitungen, in denen bspw. erklärt wird, wie eine Zentraldatei angelegt wird.

Zusammenfassend ist festzuhalten: Die Software-Tools müssen als eine Art „Handwerkszeug" beherrscht werden. Die Mehrwerte durch die Methodik stehen dennoch im Vordergrund. Durch das konsequente Umsetzen und die Weiterentwicklung der BIM-Methodik können wir den Prozess des Bauens und in Zukunft die Bewirtschaftung einer Immobilie positiv beeinflussen und somit die Wertschöpfung unserer täglichen Arbeit verbessern.

Das Wissen um diese Chance erzeugt Motivation bei allen Projektbeteiligten.

2 Fokus Projektabwicklung

a) Mehrwerte

Unser Fokus auf BIM liegt in der Innovation als solche. Konkrete Mehrwehrte finden sich vor allem in der Projektabwicklung. Automatisierung und Datenkontrolle werden durch koordiniertes Planen und die Simulation des Bauablaufs erst möglich. Aber auch hier zeigt sich wieder die Problematik des Umdenkens im Prozess. Die Investition im Vorfeld für die Planer ist sehr hoch, die Verwertung über den Planungszyklus hinaus (Facility Management) kann, je nach Datenumfang, ein enormer wirtschaftlicher Vorteil werden. Da Scherr+Klimke kein Facility Management anbietet, muss noch geklärt werden, in welcher Form der Datenumfang weitergegeben wird. Dies ist vom Auftraggeber und dessen Zahlungsbereitschaft abhängig. Hierfür werden klare Regelungen in der gesamten Branche benötigt: Wem „gehören" welche Daten und wer darf daraus welchen Vorteil ziehen. Die aktuell noch nicht vorhandenen Regelungen verhindern die Nutzung der positiven Aspekte aus der Digitalisierung und beschränken die Entwicklung der Mehrwerte.

Koordiniertes Planen

Auf Basis eines BigBIM kann aus der Datenbasis als generelles Ergebnis eine koordinierte Planung abgeleitet werden. Grundrisse, Schnitte und Ansichten sind grundsätzlich stimmig, zeigen dasselbe Leveling und müssen bei Änderungen nicht nachgezogen werden. Dies gilt für alle Fachgewerke und über alle Leistungsphasen hinweg, soweit der vorgegebene „Bauraum" Berücksichtigung findet.

Als weiteres Ergebnis können Massen- und Bauteillisten aus der Datenbasis abgeleitet werden. Eine automatisierte Massenermittlung (Objekte werden über Filterfunktionen angesprochen) für die Kostenberechnung und die Ausschreibung ist als Standard definiert. Im nächsten Schritt wird das Modell Grundlage für die Abrechnung der Gewerke sein.

Simulation des Bauablaufs

Elementare Information für unser Lean Construction Management ist die Verknüpfung der Terminpläne mit Objekten. Somit können für jedes Objekt die exakten Daten für Raum und Zeit ausgewertet werden. Diese Entwicklung bietet die Möglichkeit, „Just-in-Sequence" und „Just-in-Time" die Baumaterialien an die jeweils richtige Stelle in der richtigen Anzahl und zur richtigen Zeit aufs Baufeld zu bringen. Für die Zukunft heißt das, dass nicht ganze Paletten an Material für die gesamte Baustelle, sondern eben individuell zusammengestellte Packeinheiten direkt vom Lieferanten geliefert werden. Im Weiteren wird der Bauprozess vorab simuliert, d. h. der Arbeitstakt kann geprüft und angepasst werden. Somit werden Potenziale und Störungen frühzeitig erkannt. Der gesamte Bauprozess erfährt somit Verbesserungen bzw. die Planung kann auf die Anforderungen der Prozesse angepasst werden. Mit einer konventionellen 2D-Planung ist dies definitiv nicht zu leisten.

Ein ungestörter, da vorab simulierter und optimierter Bauprozess auf Grundlage einer darauf ausgerichteten Planung wird von enormer Bedeutung sein und zur Erhöhung der Wertschöpfung beitragen.

Facility Management

Zudem kann das Datenmodell Basis für das Facility Management sein. Materialien, Bestellnummern, Wartungsintervalle etc. sind am Objekt und somit im Modell hinterlegt. Eine Anpassung sollte über die gesamte Bewirtschaftungsdauer einer Immobilie erfolgen. Hierzu ist allerdings noch der Datenumfang, der hierfür erforderlich wird, zu definieren. Es ist zu klären, wie ein „as built"-Modell" strukturiert und aufgebaut sein muss. Der Aufwand hierfür sollte überschaubar bleiben, da ansonsten der Mehrwert durch die ständige Aktualisierung des Gebäudemodells nicht realisiert werden kann. Hier ist ein ClosedBIM sicherlich von grundsätzlichem Vorteil.

b) Prozesse

Wie bereits erläutert, ist der vorrangige Mehrwert besonders in einem ungestörten, optimierten und vorab simulierten Bauprozess zu suchen. Die Planung passt zum Bauprozess und zur nachhaltigen Bewirtschaftung der Immobilie. Es ist nicht unser vorrangiges Ziel, unseren Planungsprozess zu optimieren. Ziel ist die Optimierung des Bauprozesses und die Optimierung des Bewirtschaftungsprozesses.

Eine detaillierte, auf den Bauprozess abgestimmte Planung wird die Bauqualität und die dafür zu tätigenden Aufwendungen stark beeinflussen. Wir werden zum Teil schneller, aber vor allem dank weniger Verschwendung mit weniger Aufwand bauen können – und das in einer besseren Qualität.

Aus diesem Grund versuchen wir, alle Belange des Bauprozesses im Modell abzubilden und somit ein holistisches Gebäudemodell zu erstellen. Es wird modelliert wie gebaut wird. Es entsteht ein Kommunikations-, Koordinations- und Wissensmodell.

In der herkömmlichen Projektabwicklung ist dies alles zwar auch auf Grundlage einer 2D-Planung zu leisten, aber der Aufwand hierfür ist erheblich. Die Verknüpfung der Daten ist ebenfalls möglich, jedoch meist an den Menschen gebunden. Eine Übergabe der Informationen zwischen den Planungsbeteiligten ist schwierig – somit geht vieles über die Zeit verloren.

Optimierungen scheitern meistens an der zur Verfügung stehenden Bearbeitungszeit für Planungsanpassungen und der erneuten Arbeitsvorbereitung der Bauausführung.

Mit einer herkömmlichen Projektabwicklung auf Basis von 2D-Daten können wir sicherlich bauen – eine Steigerung der Wertschöpfung ist aber nicht möglich, wie uns die letzten Jahrzehnte verdeutlicht haben.

c) Risiken und Verbesserung

Basis eines erfolgreichen BIM-Projekts ist ein Gebäudemodell im richtigen Detaillierungsgrad und den zugehörigen Leveln. In Anlehnung an die konventionelle Projektabwicklung sind Meilensteine mit allen Projektbeteiligten – Bauherr, Planer, Baufirma und spätere Nutzer – zu definieren. Es muss sichergestellt werden, dass alle Projektbeteiligten die erforderlichen Informationen und Objekte zum richtigen Zeitpunkt ins Datenmodell implementieren.

Durch häufige Doppelbearbeitung von Objekten in frühen Phasen werden Projektstunden verschwendet und Planungstermine können nicht eingehalten werden. Angaben zu den gewählten Bauverfahren bzw. zu den gewählten Materialien durch die Baufirmen, die erst spät bzw. zu spät im Bauwerksmodell zu berücksichtigen sind, bedingen zum Teil einen erheblichen Mehraufwand in der Modellierung und Simulation. Bei öffentlichen Bauprojekten ist jede Spezifikation herstellerneutral auszuschreiben. Das ist ein nicht zu unterschätzendes Risiko, den Projekterfolg zu erreichen.

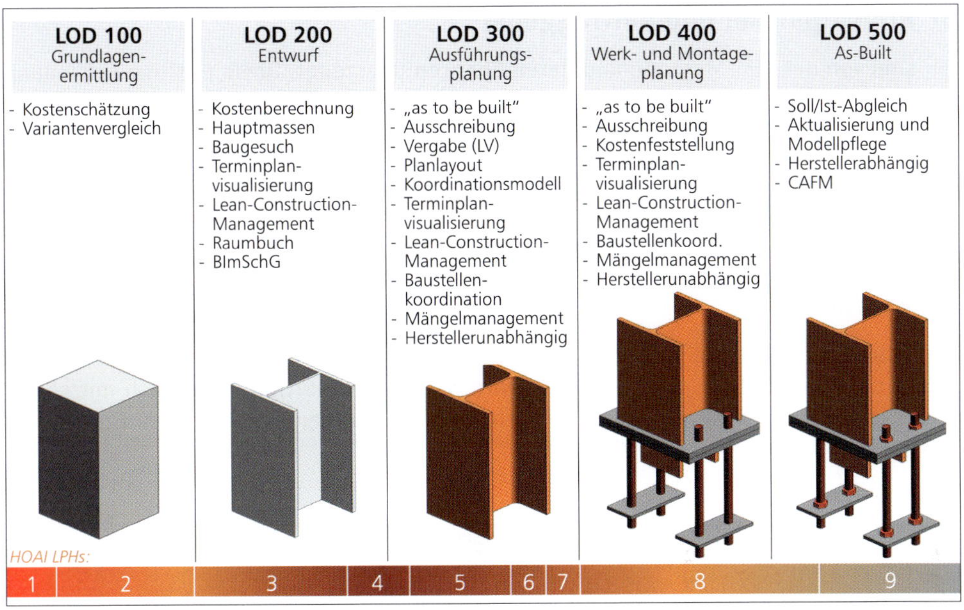

Abbildung 4: Leveling LODs

Überschneidungen in der Modellierung und Doppelbearbeitungen müssen sicher verhindert werden. Parameter müssen von den Projektpartnern ins Datenmodell implementiert werden, die diese Information auch verantworten. Fehlerhafte Objektinformationen sind schwer zu finden und zu korrigieren. Eine fortwährende Überprüfung und Anpassung der Bauräume der einzelnen Planungspartner ist erforderlich. Unabdingbar ist außerdem ein BIM-Management im Modell als übergeordnete Kontrolle. Darunter verstehen wir jedoch nicht nur Managementaufgaben, sondern auch die direkte Einflussnahme auf das Gebäudemodell, d. h. korrigieren und teilweise auch modellieren von Bauteilobjekten. Natürlich ist dies immer abhängig von der Projektgröße und -struktur.

Eine Veränderung der Methodik von der 2D-Planung zum BIM bringt immer Chancen und Risiken mit sich. Das größte Risiko dabei ist, den Projekterfolg zu gefährden. Um diesem entgegenzuwirken, wird zum Projektstart im BIM Execution Plan (Projektabwicklungsplan) festgelegt, in welcher Struktur und mit welchem Informationsgehalt ein Projekt angelegt wird. Für sämtliche Projektbeteiligte werden Zuständigkeiten und Aufgaben vergeben. Der individuelle „Bauraum" schafft klare Verantwortlichkeiten.

Unter Berücksichtigung dieser zwei Grundfragestellungen – Erstellung eines BIM Execution Plans und das konsequente Leveling (Abbildung 4) – wird man in frühen Phasen Planer und Baufirmen in die Kommunikation und in die Koordination mit einbeziehen müssen. Eine Aufgabenstellung, die mit den derzeitigen gesetzlichen Vorgaben im privaten Bereich erfüllbar, jedoch bei Offenen Verfahren nur bedingt umsetzbar ist. Hier besteht Handlungsbedarf, da ansonsten die neue Methodik an der konventionellen Projektabwicklung mit deren Vorgaben scheitern wird.

d) Projektpartner und Auftraggeber

Wir sind von der BIM-Methode und deren Chancen überzeugt. Diese positive Einstellung versuchen wir den Auftraggebern zu vermitteln. Nur wenn dieser für sich selbst Vorteile erkennt, ist eine Umsetzung des Projektes nach holistischem BIM-Ansatz sinnvoll.

Da das Gebäudemodell Kommunikations-, Koordinations- und Wissensmodell wird, ist das Modell Teil von Planungsbesprechungen mit Auftraggebern. Unsere Projektpartner binden wir über die von ihnen zu erstellenden Modelle ein. Die Modelle werden entweder „sehr häufig" ausgetauscht oder zentral abgelegt. Schnelle Datenleitungen machen dies heute schon möglich.

Wiederum bietet hier ein ClosedBIM enorme Vorteile, da der Aufwand in der Synchronisation der Modelle sehr stark reduziert wird. Der Projektpartner findet sich mit seiner Arbeit im Gesamtmodell wieder, die einzelnen Modelle fügen sich zu einem Gesamtbild zusammen.

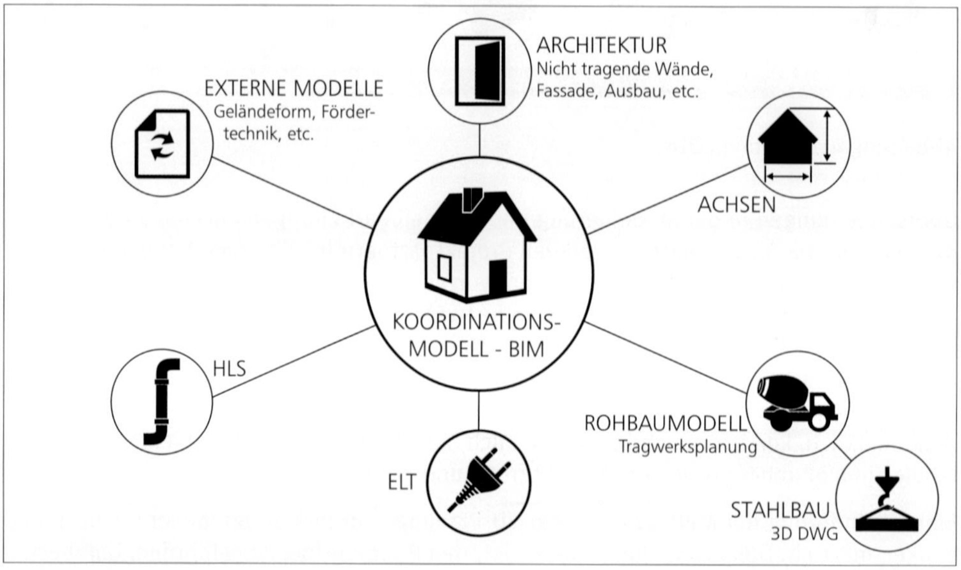

Abbildung 5: Aufteilung Modelle

3 Fokus Projekt

a) BIM-Projekt

Projektvorstellung – Ulm baut um

Als Baustein des Stadtentwicklungskonzeptes entsteht parallel zum Großbauprojekt „Citybahnhof Ulm" eine Tiefgarage mit ca. 540 Stellplätzen. Zusätzlich zum Parkhaus an sich ist ein wesentliches Element des Projektes eine unterirdische Bahnhofspassage. Diese verbindet in Zukunft den Bahnhof mit der ebenfalls neu entstehenden Sedelhof-

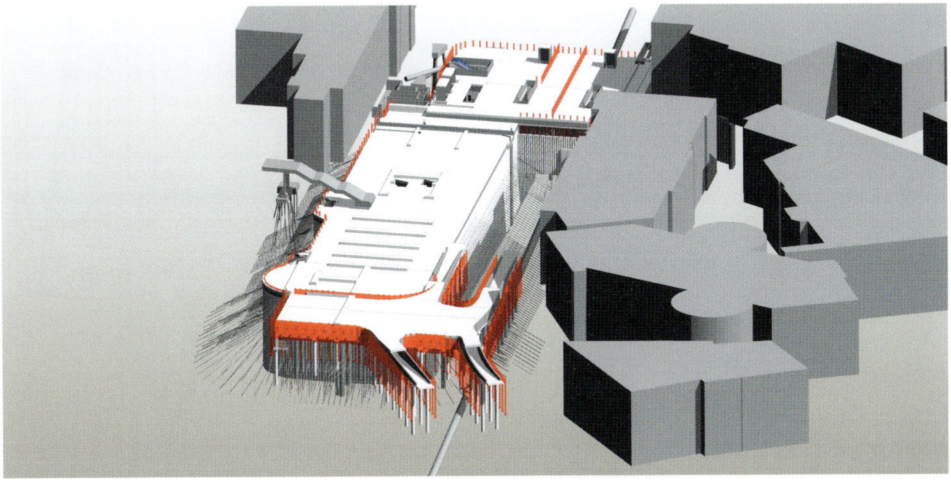

Abbildung 6: 3D-Modell – Parkhaus am Bahnhof in Ulm

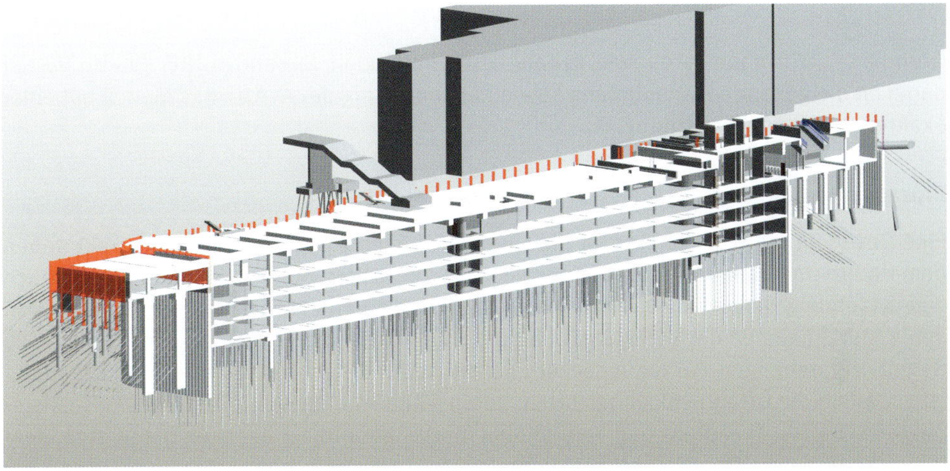

Abbildung 7: Längsschnitt – Das Parkhaus besteht aus vier unterirdischen Ebenen

passage und bildet damit gleichzeitig das Tor zur Innenstadt von Ulm. Die Bahnhofspassage erschließt neben dem Parkhaus auch die oberirdischen Haltestellen des ÖPNV und wird als Retail-Bereich genutzt. Neben der Angemessenheit in der Wahl der Mittel steht die Nutzerfreundlichkeit und -akzeptanz an vorderster Stelle.

BIM unterstützt und bringt einen großen Mehrwert

Die gesamte Planung richtet sich nach dem BIM-Ansatz. Die Gestaltung der Passage und des Parkraums erfolgt in enger Zusammenarbeit mit einem externen Architekturbüro. Dieses übernimmt über eine offene Schnittstelle die Entwürfe von Scherr+Klimke und arbeitet sie gestalterisch aus. In unserem Büro entsteht ein „as-built"-Modell des Rohbaus und des Grundbaus. Darin sind beispielsweise alle Neigungen, Fugen gemäß dem

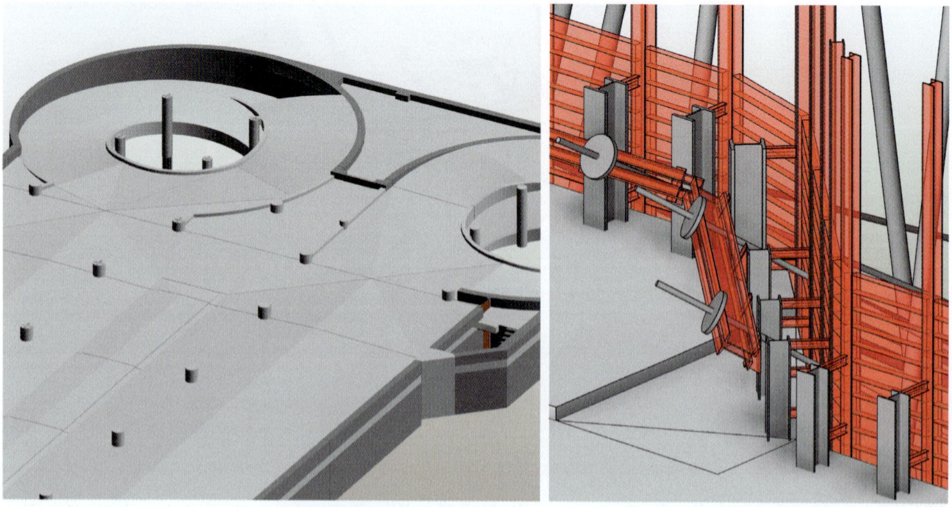

Abbildung 8: Detaillierung der Geometrie

Grundsatz „Wir modellieren, wie gebaut wird“ im Modell vorhanden. Der größte Vorteil dabei ist die gesamte Planableitung sowie die Anbindung der AVA an das Modell mit einer exakten 3D-Mengenermittlung.

Prozessunterstützung

Eine Besonderheit des Projekts ist die Lage: im Herzen von Ulm, aber auch direkt neben dem Haupt- und Busbahnhof sowie der Hauptverkehrsader. Somit erhält das Projekt auch eine besondere Bedeutung im Hinblick auf Anbindung, Verkehrsführung und Logistik. Von den Baumaßnahmen der Verlegung einer provisorischen Straßenbahntrasse, über den zu Beginn entstehenden Parkhausdeckel und die spätere Rückverlegung der Straßenbahn ist vor allem die Öffentlichkeit betroffen. Veranschaulichungen und Terminplanvisualisierungen schaffen Akzeptanz und Verständnis für das Bauprojekt bei allen Beteiligten, dem Bauherrn und der Öffentlichkeit zugleich.

Einer der größten Erfolgsfaktoren für das Projekt sind die eigenen detaillierten Parameterstrukturen des Modells (s. Abbildung 9), welche in Hinblick auf den gesamten Lebenszyklus definiert wurden. Dies ermöglicht u. a. die Nutzung flexibler Bauteilfilter, effiziente Programmierungen, Automatisierungen oder das Exportieren von Bauteillisten. Gleichzeitig beinhalten die definierten Parameter wertvolle Informationen für die AVA.

Allgemein	
SuK_Bauteil	Wand
SuK_Bauteilart	Außenwand
SuK_Material	C30/37
SuK_Bauteilartzusatz	erdberührt
SuK_Bauteiltyp	Ortbeton
SuK_Gesamt	Ortbeton_Außenwand_erdberührt_C30/37

Abbildung 9: Basisinformationen der Parameterstruktur

Durch ihre Anbindung an das Modell fließt die präzise 3D-Mengenermittlung direkt in die Kalkulation ein. In dem verwendeten Plug-in können auch regelbasierte Ermittlungen berücksichtigt werden, die es ermöglichen, VOB-konforme Mengen zu berechnen. Mittels individuell erstellter Rechenformeln lassen sich beliebige eigene Regeln erstellen. Eine integrierte GAEB-Schnittstelle lässt die Verknüpfung mit AVA-Systemen zu. Somit sind Import und Export von Leistungsverzeichnissen nach GAEB möglich. Dank vieler für die AVA relevanter Parameter, z. B. Bauteilart, Gewerk, Material oder auch spezifischere Informationen wie die Anzahl der Türflügel, ist ein effizientes, automatisiertes Arbeiten möglich. Die Ergebnisse sind als Echtzeitauswertungen direkt visuell am Modell sichtbar.

b) Erfahrungen

Grundfunktionen

Die Erfahrung zeigt, dass die bis heute häufig unterschätzten Grundfunktionen der BIM-Programme den Kern der Arbeitsmethode bilden. Hierzu zählen bspw. die teilautomatisierte Planerstellung, einfaches Exportieren von Bauteillisten und Themen wie die Veranschaulichung im 3D-Raum zum besseren Verständnis. Diese mehrwertbringenden Anwendungsfälle machen einen Großteil der täglichen Arbeit aus. Abbildung 10 zeigt eine im BIM-Programm generierte Bauteilliste von Verpressankern. Alle Informationen kommen automatisiert aus den Bauteilinformationen bzw. werden daraus berechnet. Auch diese ursprünglichen Parameter wiederum können oft automatisiert generiert werden. So ist es möglich, die Ankernummern über die Koordinaten zu vergeben oder alternativ über Plug-ins automatisch zu beschriften, selbst wenn die Reihenfolge nicht linear verläuft.

Anker Nr.	Anzahl	Stat. Position	Ankerlage	Ankerkote [m]	Höhe ü.NN	Anzahl Ankerlitzen	Durchmesser Ankerlitzen [Zoll]	Bohrdurchmesser [mm]	Widerstand Ri,d [kN]	Gebrauchskraft [kN]	Faktor Festlegelast	Festlegekraft [kN]	Faktor Prüflast	Prüflast [kN]	Neigung vertikal	Neigung horizontal	Bohrlänge [m]	theor. Verankerungslänge Lv [m]	Ausnutzung
AB-GO-1033	1	O2	1. Lage	-8,22	469,78	10	0.6"	150	1825	1066	1,0	1066	1,5	1599	22,0	0,0	19,76	6,00	88%
AB-GO-1035	1	O2	1. Lage	-8,22	469,78	10	0.6"	150	1825	1066	1,0	1066	1,5	1599	22,0	0,0	19,76	6,00	88%
AB-GO-1037	1	O2	1. Lage	-8,22	469,78	10	0.6"	150	1825	1066	1,0	1066	1,5	1599	22,0	0,0	19,76	6,00	88%
AB-GO-1039	1	O2	1. Lage	-8,22	469,78	10	0.6"	150	1825	1066	1,0	1066	1,5	1599	22,0	0,0	19,76	6,00	88%
AB-GO-1041	1	O2	1. Lage	-8,22	469,78	10	0.6"	150	1825	1066	1,0	1066	1,5	1599	22,0	0,0	19,76	6,00	88%
AB-GO-1043	1	O2	1. Lage	-8,22	469,78	10	0.6"	150	1825	1066	1,0	1066	1,5	1599	22,0	0,0	19,76	6,00	88%
AB-GO-1045	1	O2	1. Lage	-8,22	469,78	10	0.6"	150	1825	1066	1,0	1066	1,5	1599	22,0	0,0	19,76	6,00	88%
AB-GO-1047	1	O2	1. Lage	-8,13	469,87	10	0.6"	150	1825	1066	1,0	1066	1,5	1599	22,0	0,0	19,76	6,00	88%

Abbildung 10: Automatisierte Bauteilliste der Verpressanker

Effektivitätssteigerung durch Struktur

Die Effektivität steigt, je besser die Parameterstruktur ist. Dabei kommt es nicht darauf an, so viel Informationen wie möglich in das 3D-Modell zu integrieren, sondern die für den Auftraggeber bzw. für die Planung oder Bauausführung relevanten Informationen zu definieren. Dadurch steigt die Wichtigkeit der Filter. Das gilt sowohl für visuelle Ansichtsfilter, die ein Modell entsprechend einfärben können, als auch für das Filtern in Bauteillisten oder Zusatzmodulen, die tabellarisch aufgebaut sind.

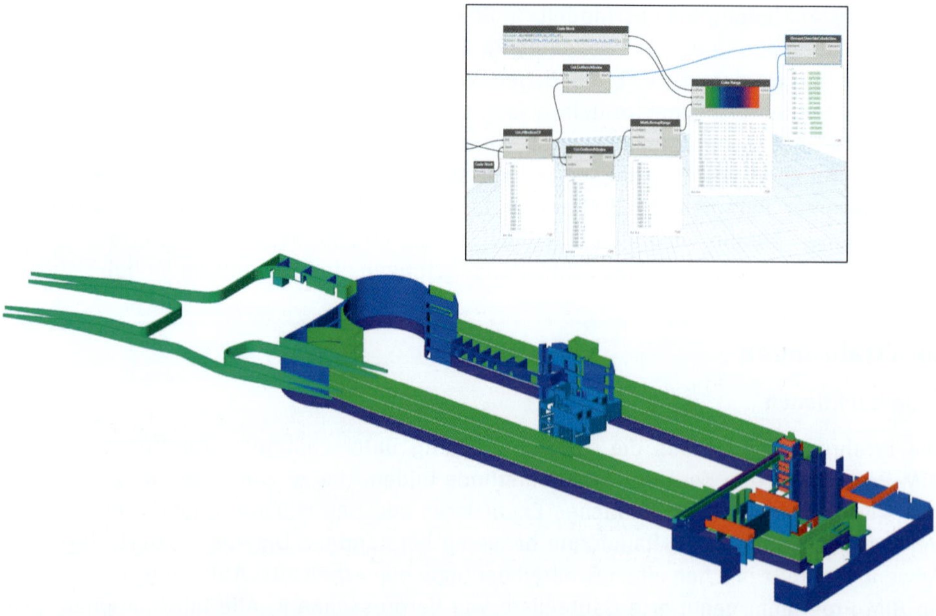

Abbildung 11: Einfärbung des Bewehrungsgehalts mit Hilfe von visueller Programmierung

So lassen sich die Parameterwerte im Modell schnell überprüfen. Ein konkretes Beispiel ist die Abstimmung des BIM-Managers/-Koordinators mit dem Statiker. In Abbildung 11 ist zur Veranschaulichung der Bewehrungsgehalt (kg/m^3) der Wände entsprechend ihrem Wert farbig markiert. Mit diesem Skript können über die visuelle Programmierschnittstelle schnell die verschiedenen Bauteile überprüft und ggf. gemeinsam angepasst werden, sodass der Bewehrungsgehalt und somit die daraus errechnete Stahlmenge in der Ausschreibung korrekt sind.

Anbindung der AVA

Die Erfahrung zeigt, dass die Ausschreibung im 3D-Raum gut funktioniert und eine enorme Arbeitserleichterung darstellt. Es können die Massen von ca. 85 Prozent der Positionen automatisiert ermittelt werden. Die Prozesse und Definitionen entwickelten sich während dieser ersten komplizierteren BIM-Ausschreibung. So musste sich die Kollaboration zwischen BIM-Konstrukteuren, BIM-Managern und Ausschreibern einspielen. Auch die notwendigen Parameter entwickelten sich im Laufe des Projekts.

Das beschriebene Parkhaus am Bahnhof bildet das erste größere Projekt, das über ein Plug-in mit der Ausschreibungs-Software verknüpft wurde. Im laufenden Prozess der Kostenberechnung und später der Ausschreibung entwickelte sich auch die BIM-Herangehensweise in diesem Bereich stetig weiter. Definitionen wie die AVA-relevanten Parameter oder die zeitliche Festlegung des Materials (z. B. C30/37) können von nun an für Folgeprojekte übernommen werden.

Lean Construction Management

Ein weiteres großes Erfolgspotenzial ist die Verbindung der BIM-Methode mit dem Lean Construction Management. Ziel dabei ist die Vermeidung von Verschwendung (z. B. Überschussproduktion) und Ablaufstörungen. In unserem Projekt stellt die Visualisierung des Terminplans den genauen Bauablauf dar. Hierzu wird der Terminplan mit den einzelnen Bauteilen verknüpft. Resultat sind neben der interaktiven Visualisierung auch Ressourcenauswertungen, die als Diagramme (Ganglinien) oder als Tabellen ausgegeben werden können. Diese Werkzeuge helfen uns dabei, die Gewerke, die Logistik und die Kapazitäten zu koordinieren. So lässt sich bspw. mit dem Massenfluss des Erdaushubs die tagesgenaue Anzahl der benötigten LKW berechnen. Dies wiederum fließt direkt in die Baulogistik ein. Andere Möglichkeiten sind etwa die Personalplanung, frühe Zahlungspläne auf Grundlage von Hauptpositionen oder das Flächenmanagement.

Die Entscheidung für eine 4D-Bauablaufsimulation entstand erst während der Planungsphase. Daher wurde der Terminplan ohne Berücksichtigung einer späteren Simulation erstellt. Die Erstellung des 4D-Modells wird stark erleichtert, wenn der Terminplan in seiner Struktur und Bezeichnung auf die Struktur und Parameter des Modells abgestimmt ist. Gemeint sind hier Informationen wie die Ebene oder die Bauteilart. Außerdem sollten mehrere Vorgänge nicht in einem Vorgang zusammengefasst werden, was besonders bei Rahmenterminplänen häufig vorkommt. Somit wurde hier die Erfahrung gemacht, dass die BIM-Ziele von Anfang an im BIM Execution Plan festgelegt werden müssen. Dann ist es auch denkbar, die Verknüpfung von Modell und Terminplan automatisch zu generieren.

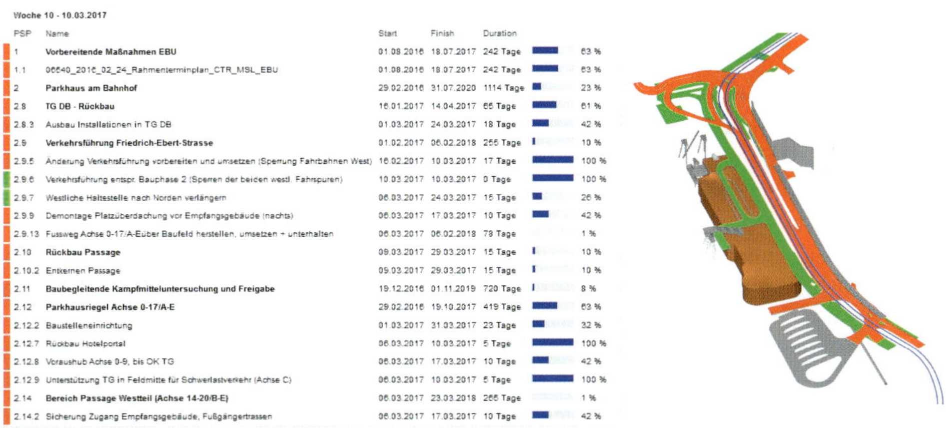

Abbildung 12: 4D-Bauablaufplanung

Nachhaltige 3D-Modellierung

Eine wesentliche Schwierigkeit bei derartigen Projekten ist das exakte Modellieren der komplexen Geometrie. Mehrfach geneigte Parkdeck-Sweeps, Spindeln, runde Wände etc. stellen die BIM-Konstrukteure/-Modellierer immer wieder vor Herausforderungen im Arbeiten mit der Software. Verbindungen und Verschneidungen sind oftmals nicht möglich. Falls doch, haben diese Bauteile häufig keine Ausgabe der Mengenparameter mehr. In einigen Fällen stellte sich eine Sonderlösung in einer visuellen Programmierschnittstelle als praktikabel heraus. Hier konnten die Parkdecks als separate Abzugskörper-Familie gespiegelt werden.

Im Bereich der Modellierung zeigt sich besonders die Wichtigkeit erfahrener und geschulter Mitarbeiter, die die Software beherrschen. Sie sind unerlässlich für eine effiziente BIM-Methode. Zudem erweitert sich neben dem reinen Können auch die Bauteilbibliothek stetig. Die sog. Bauteil-Familien können immer wieder verwendet werden, genau wie Skripte in den Programmierschnittstellen. Diese parametrisierten Elemente lohnen sich besonders, wenn bestimmte Prozesse oder Anwendungen wiederkehrend auftreten.

Herausforderung „as-built“

Objekte wie Einbauteile gehören zu den Familien, die immer wieder in verschiedenen Projekten zum Einsatz kommen. Sie sind hoch detaillierte und parametrisierte Elemente, die besonders für die Werkstatt- und Montageplanung sowie für ein mögliches as-built-Modell benötigt werden. Gerade as-built-Modelle stellen die Planer heute noch vor Herausforderungen. In der Tragwerksplanung lässt sich die Aufgabe oftmals realisieren, weil es auch im bisherigen Planungsprozess häufig die Aufgabe des Tragwerkplaners war, eine Werkstatt- und Montageplanung zu liefern. In der Objektplanung stellt sich die Thematik deutlich differenzierter dar, weil Architekten bisher nicht die Ausführungsplanung für Gewerke wie z. B. den Trockenbau erstellten, sondern lediglich Detailzeichnungen lieferten. Es stellt sich die Frage, wer nun für diese as-built-Modellierung zuständig ist.

Kosten, Qualität, Termine

Betrachtet man das Projektmanagement-Dreieck, macht sich die BIM-Methode während der Planungsphase vor allem im Bereich der Termine und der Qualität bemerkbar. Effizienzgewinne und Verschiebungen sowie Überschneidungen von Planungsprozessen führen zu messbaren Zeitgewinnen. Dies zeigt sich z. B. in der Kostenermittlung. Die Kostenauswertung über Filter lässt sich bereits während des Prozesses der Modellierung anwenden. Bei einer klassischen Vorgehensweise wird der Kostenanschlag erst nach Abschluss der Entwurfsplanung begonnen. Durch die Anbindung der AVA an das Modell verschiebt sich der Prozess nach vorne und begleitet die Planung. Somit können Ergebnisse der kontinuierlichen Kostenermittlung direkt in die Planung einfließen. Ist bspw. erkennbar, dass die Kosten zu hoch werden, wird dementsprechend die Ausführungsqualität angepasst bzw. muss das Bausoll reduziert werden. Durch die moderne, visuelle Arbeitsmethode am Modell kann sich zudem die Planungsqualität verbessern, denn die Strukturierung mit Parametern erleichtert das Arbeiten und ermöglicht die Konzentration auf wesentliche Planungsherausforderungen. Außerdem führt die konsistente Herangehensweise mit einer Datenbasis, aus der Pläne, Listen etc. abgeleitet werden, zu einer höheren Planungssicherheit.

4 Ausblick

a) Heute und morgen

Das Building Information Modeling ist zwischenzeitlich fester Bestandteil unsere Unternehmenskultur geworden. Zur BIM-Methodik gibt es schlicht keine alternativen Lösungsansätze.

Building Modeling wird und ist zum Teil schon Grundvoraussetzung, um Projekte abwickeln zu können. Das Building Modeling mit Informationen an den Objekten zu vervollständigen, wird heute schon von uns praktiziert und mit Erfolg im Projekt umgesetzt. Wir sehen somit in der Weiterentwicklung der Methodik und in der Erweiterung der Anwendungsfälle strategische Ziele, die konsequent weiterverfolgt werden.

Wir sind der Überzeugung, dass mit der Prozessplanung und Simulation des Bauprozesses ein wesentlicher Beitrag zur Steigerung der Wertschöpfung geleistet werden kann. Optimierung und konsequente Fehlervermeidung sind das Ziel. Das Bauen wird in Zukunft nicht mehr in einzelne Aufgabenstellungen unterteilt werden – Planung, Ausführung und Bewirtschaftung werden im BigBIM abgebildet. Partnerschaftliche Modelle sind hierzu erforderlich und wenige Schnittstellen vereinfachen das Building Information Modeling sicherlich. Mitarbeiteranzahl und Unternehmensgröße werden zum Vorteil werden.

Darüber hinaus sind wir bestrebt, alle Planungs- und Bauüberwachungsaufgaben in unserem Unternehmen abbilden zu können. Architektur, Tragwerksplanung, TGA, Elektroplanung, das Bau- sowie das zugehörige Projektmanagement werden gesamtheitlich in einem Gebäudemodell zu betrachten sein.

Kurzvorstellung

Autor

Dipl.-Ing. (FH) Martin Peukert

Martin Peukert, Jahrgang 1970, erlernte zunächst den Beruf des Polsterers. Nach dem Studium der Innenarchitektur in Stuttgart und Oslo arbeitete er an der Planung mehrerer Hochbauprojekte mit, gründete ein Architekturbüro und schrieb Fachbücher für Architekten, Innenarchitekten und Designer.

Aus den Erfahrungen der eigenen Planungstätigkeit richtete er seine Berufspraxis seit der Jahrtausendwende stärker auf Bauprodukte und damit verbundene Themen der bauzuliefernden Industrie aus. Seit 2004 ist er bei der Schüco International KG tätig. Seit 2015 führt er ein Team, das sich mit der Erstellung von Planungsdaten für Architekten und Ingenieure befasst. Er ist Mitglied der Architektenkammer Hessen.

Unternehmen

Schüco International KG

Leistungen/Produkte

Fenster-, Tür- und Fassadensysteme, Gebäudeautomation, Sonnenschutz

Art der Leistungen/Produkte

Systemanbieter für den Metallbauer, Services für Architekten, Planer, Investoren und Bauherren

Mitarbeiterzahl

4800

URL zum Unternehmen

www.schueco.com

1 Fokus Unternehmen

a) Auslöser

Bei Schüco fanden bereits vor Jahrzehnten Bestrebungen statt, die Arbeit der Metallbaupartner und Planer mit modernen Werkzeugen allumfassend zu unterstützen. Schon in den 1970er Jahren wurden erste Servicebausteine wie der Olivetti Tischrechner und Programme für Kalkulation und Arbeitsvorbereitung eingeführt. Sinn und Zweck dieser frühen Ansätze wurden damals von vielen hinterfragt und gern auch mal als „aufwändige und teure“ Computerlösungen bezeichnet. Wie wir heute wissen, war es richtig und zielführend, diese damals ganz neuen IT-Vorläufer zeitig anzupacken und nutzbar zu machen. Mit der bereits im Jahr 1972 mit drei Mitarbeitern gegründeten Schüco Service GmbH hat sich das Unternehmen besonders positioniert, um die Metallbaupartner und Planer mit weitreichenden und maßgeschneiderten IT-Lösungen umfassend zu unterstützen. Für die Metallbaupartner spielt die Kalkulations-Software SchüCal eine tragende Rolle in der Planung, Kalkulation und Realisierung von Metallbaulösungen mit Schüco Systemen. Stets dazu gehört der aktive Dialog mit den Software-Anwendern. Aus deren Praxis erwachsende Aufgabenstellungen werden stetig mit neuen zweckmäßigen Lösungen praxisgerecht in den IT-Lösungen umgesetzt.

Erste BIM-Aktivitäten erfolgten im Jahr 2008, als Architekten aus den USA und Island projektspezifische BIM-Daten anfragten. Schüco war sehr interessiert und setzte diese Anforderungen um. Es folgten weitere Anfragen aus ca. 15 Ländern, wie zum Beispiel aus Großbritannien, den Niederlanden, aus Asien und Nordeuropa. Aber auch aus Deutschland kamen erste Anfragen von Architekten, ob Schüco BIM-fähige Daten bereitstellen kann. Diesen Aktivitäten folgten in den weiteren Jahren in mehreren Schritten weitere Projekte, aus denen ein mittlerweile umfangreiches Angebot an BIM-fähigen Planungsdaten geworden ist.

Während eine zunehmende Anzahl von Architekten und Fachplanern von BIM und den damit verbundenen Möglichkeiten überzeugt ist und sich auf diese einlässt, ist im Bauhandwerk noch eine stärkere Zurückhaltung festzustellen. Das enorme Potenzial, das von BIM bzw. der Digitalisierung ausgeht, wird aber auch hier zu mehr Akzeptanz und Begeisterung beitragen, uns somit zu einem gewinnbringenden Umgang und einem beispielhaften Vorangehen führen.

b) Einfluss auf Geschäftsmodell

Die Gestaltung und konstruktive Ausformung von Fassaden sowie die damit verbundene Suche nach optimal dafür geeigneten Materialien, Konstruktionen und Systembauteilen spielen in den meisten Hochbau-Projekten eine bedeutende Rolle. Deshalb legen Bauherren, Architekten und Fachplaner bereits in frühen Planungsstadien ein hohes Augenmerk auf Schüco-Produkte. Der Bedarf an Beratung und Fragestellungen rund um die Gebäudehülle und damit verbundene Systemlösungen – von der Ideenfindung und Konzeption, über die Konstruktion, Bemessung und Dimensionierung bis hin zum AvA-Prozess – ist hoch. Zur Bewältigung der damit verbundenen Aufgaben spielt die digitale Unterstützung durch Schüco eine große Rolle.

Abbildung 1: Systemlösungen von Schüco

Im Anschluss an den Planungs- und Beratungsprozess kann die favorisierte Lösung von einem Metallbaupartner auf Basis des Schüco System-Baukastens umgesetzt werden. Der Metallbauer wird dabei von Schüco traditionell mit passenden Tools und Services umfangreich unterstützt. Dies beinhaltet u. a. Dokumentationen, Software, Werkzeuge und Maschinen, Einweisung, Musterprüfung, Qualitätssicherung und Logistik. Der Weg zum realen Produkt führt über den gelernten und gelebten Prozess mit seinen zuverlässigen Akteuren und Partnern. Die Zweckdienlichkeit von BIM für uns als Systemgeber von Bauprodukten dürfte damit frei von Zweifeln sein.

Potenziale:

- Große und aufwändige Planungsaufgaben können durch gut organisierte, digital unterstützte Teamarbeit auch über räumliche Grenzen hinweg schneller erledigt werden.
- BIM unterstützt den Qualitätsanspruch im Premiumsegment. Das mit BIM verbundene aufwändigere geometrische Gebäudemodell, unterstützt mit Information, hat eine hohe Bedeutung für die Fassadenplanung. Problempunkte werden schneller erfasst und eine hohe Planungsqualität kann erzielt werden.
- Für Hersteller, die guten Planungscontent ihrer Produkte liefern, ergeben sich hohe Chancen – etwa für schnellere Vorverkaufsphasen, aber auch für das in den Markt Bringen neuer, innovativer Produkte. Was in der digitalen Welt gut geht, wird sich auch in der Praxis schneller bewähren.

Risiko:

- Im baulichen Zusammenhang werden manche Fragen erst im realen Bauprozess akut – wie gehen wir damit um, kann man Planungs- und Entscheidungsanforderungen tatsächlich vollständig durch virtuelle Gebäude-Stellvertreter nach vorn verlagern?

- Neuheiten im Planen und Bauen sind für die Akteure gerade am Anfang auch schwierig. So kann die Methode BIM auch als Ballast empfunden werden. Es wird stark nach dem eigenen Vorteil gefragt und ein partnerschaftlicher Informationsaustausch im Datenmodell gewinnt nur langsam an Fahrt.
- BIM erfordert ein „Durch-Digitalisieren" und stellt für alle zunächst auch Aufwand dar. Der eine möchte darin investieren, der andere nur zögerlich oder gar nicht. Dadurch ergeben sich recht unterschiedliche Befähigungen der digitalen Zusammenarbeit.

c) Einrichten von Rahmenbedingungen

Das Thema BIM wurde 2017 im Bereich Schüco Digital, einer neuen Geschäftseinheit, angesiedelt. Die organisatorischen Rahmenbedingungen sind auf ein zielgerichtetes Wachstum der digitalen Prozesse ausgerichtet. Für die jeweiligen externen Anwender-Rollen Architekten, Planer, Metallbauer gibt es spezifische Ansprechpartner. Gemäß dem Schüco Prozessmodell wurden die digitalen Lösungen von Schüco geordnet.

Mitarbeiter werden in internen und externen Schulungen, aber auch durch Teilnahme an Fachsymposien und Arbeitsgruppen befähigt, das Thema BIM zu begreifen, aufzugreifen und mitzugestalten. Im ersten Schritt liegt der Fokus auf jenen Bereichen, die sich auf die Planung konzentrieren. Weitere Bereiche werden nun aber rasch nachfolgen.

Basiskompetenzen im Bereich der Content-Versorgung der Planer und erster Metallbaupartner wurden eingerichtet. Projekte wurden als Pilotierungen aufgesetzt oder begleitet. Gewonnene Erfahrungen fließen kontinuierlich in weitere strategische und operative Entwicklungsschritte im Unternehmen ein. Mit wichtigen und BIM-affinen Märkten wird stetig kommuniziert und gewonnene Erkenntnisse werden geteilt.

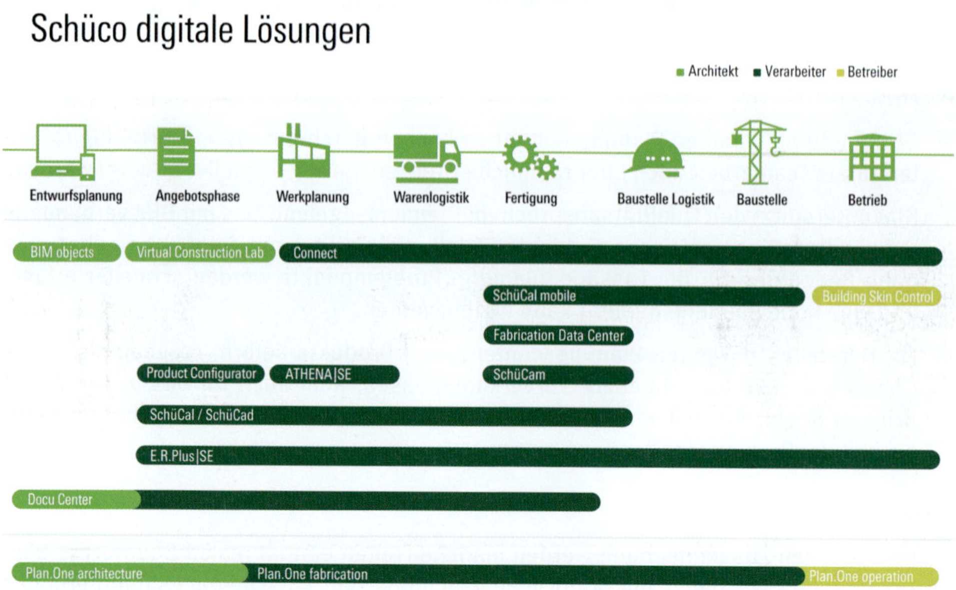

Abbildung 2: Schüco digitale Lösungen

d) Anwendungsfälle

Architekten mit Basis-Inhalten zu versorgen, wurde als naheliegender erster Schritt vollzogen. Parallel zu klassischen CAD-Planungsbausteinen wurden und werden BIM-kompatible Planungsbausteine entwickelt und über Self-Services zur Verfügung gestellt. Für uns ist klar erkennbar: Die Anzahl der Nutzer dieser Daten wächst rasch, ebenso Anzahl und Qualität daraus resultierender Feedbacks. Daraus gewonnene Erkenntnisse fließen in neue Ausprägungen der Planungsbausteine ein. Die Effizienz und Schlagkraft der Anwender wird sich durch deren konsequente Anwendung weiter erhöhen.

Fachplaner und/oder Metallbauer, die im nächsten Schritt gemäß BIM die projektspezifische Konkretisierung der vom Architekten „gewerkplanten" geplanten Bauteile vornehmen müssen, können bei der Anwendung von SchüCal über eine Schnittstelle direkt aus dem BIM-Modell des Architekten dessen Planung importieren. Hier besteht jedoch noch eine Zurückhaltung bei den Anwendern. Neben der Umstellung – weg von Listen und Zeichnungen hin zur Nutzung von Dateien – fehlt teilweise auch noch das Vertrauen in die in diesen enthaltenen Informationen.

Hier sollen weitere Pilotierungen helfen, bestehende Möglichkeiten und Potenziale zu erkennen und zu nutzen. Erst im Gesamtprozess können die erhofften Vorteile der Anwendung der Methode BIM für alle nutzbar gemacht werden.

e) Mitarbeiter

Aufgrund der Herausforderungen, die aus BIM resultieren, sind Wissen und Können sowie hohe Motivation gefragter denn je. Über den „Tellerrand hinaus Sehende", die bereit sind, neue Wege zu gehen, die auch das schon Mögliche tun wollen und können, wenn noch nicht alle Standards gesetzt sind.

Abbildung 3: Mitarbeiter motiviert für neue Wege

Neue fachliche Disziplinen entstehen z. B. aus der Mischung von Bautechnik und IT-Anforderungen, ähnlich wie es in vielen technischen Sparten mit der Mechatronik geschehen ist. Ausbildungsberufe sind in Deutschland bereits sehr gut auf die neuen digitalen Herausforderungen ausgerichtet, zum Beispiel wurde aus dem klassischen Berufsbild Technischer Zeichner der Technische Systemplaner, der eine größere Nähe zu den eigentlichen Zeichnungsinhalten und stärkere Kenntnisse digitaler Tools bereits in der Ausbildung erhält.

Es werden auch aus der Praxis heraus weitere neue Rollen besetzt werden müssen. Diese werden zunehmend in jedem Unternehmen für deren eigene Anforderungen gestaltet und so auch die Ausbildungsstandards beeinflussen.

2 Fokus Projektabwicklung

a) Mehrwerte

Auf bauliche Aufgabenstellungen abgestimmte Systemartikel und deren korrektes Zusammenspiel sind die Basis für einen funktionierenden Metallbau. Aufgrund einer Vielzahl von Anforderungen an die Endergebnisse ist der dafür erforderliche Aufwand für die Planer und für die Metallbaupartner sehr hoch. Hier kommt die Rolle von Schüco als Systemgeber mit zum Tragen. Dies beinhaltet innovative Systemlösungen, individuelle Sonderkonstruktionen, dazu maßgeschneiderte Services und umfassende Beratung. An diesen Mehrwerten und deren Zusammenspiel werden wir heute und in Zukunft gemessen.

b) Prozesse

Mit fortschreitender Digitalisierung des Planungs- und Bauprozesses soll sichergestellt werden, dass jeder Mitwirkende im Planungs- und Bauprozess einen optimierten und abgestimmten Teilbeitrag zur Ausführung des Gesamten liefern kann. Dafür benötigt er ein umfassendes Wissen um seine Möglichkeiten, aber auch um die damit verbundenen Umgangsweisen. Dafür müssen Prozesse gestaltet und die Prozessbeteiligten ertüchtigt werden. Die Inhalte und Zusammenhänge müssen gesehen, verstanden und umgesetzt werden.

Schüco bietet frühzeitig Konfigurationen und Erlebbarkeit von Produkten für Bauherren und Investoren an. Dazu müssen auch Möglichkeiten wie der virtuelle Raum angeboten werden. Architekten erhalten alle erforderlichen Daten zu Produkten und deren Verwendung schnell und einfach. Die Verarbeiter erhalten IT-Lösungen, mit denen sie Kalkulation, Konfiguration und Projektmanagement am Gesamtprozess orientiert gestalten können.

Durch BIM ändert sich die Sicht auf das Einzelne und das Gesamte dahingehend, dass viel früher auch in Folgeprozessen gedacht, geplant und gehandelt werden muss. Bei BIM geht es nicht nur um Planen und Bauen, sondern eben auch um das Bewirtschaften von Gebäuden und bei Umnutzung, Renovierung oder Abriss auch um das Thema des Recyclings bzw. um den Wertstoffkreislauf.

c) Risiken und Verbesserung

Zum einen das Risiko, über das Ziel hinaus zu schießen, wenn man die Praxis nicht berücksichtigt. Der Praxis kommt eine sehr hohe Bedeutung zu – sie gilt es, im Netzwerk mit unseren Partnern und Architekten aktiv mitzugestalten. Handlungsbedarf besteht darin, die Digitalisierung ganz vorn mitzugestalten, um deren Möglichkeiten rasch umfangreich nutzen zu können. Alle Prozessbeteiligten müssen dabei mit eingebunden werden. Dabei wird auch der Lean-Gedanke eine große Rolle spielen. Das Wesentliche muss gestärkt werden. Ein konkreter Kundennutzen spiegelt sich im physikalischen Ergebnis wider, also im Gebäude und seinen Produkten und Funktionen. Die Digitalisierung erfüllt dabei ja nur einen unterstützenden Zweck.

Es gibt auch kritische Fragen aus Anwenderkreisen: Entsteht durch BIM vielleicht eine neue Gestaltungsarmut, wenn alles auf der Basis von „Null und Eins" durch-digitalisiert wird? Wie ist mit dem Thema Produkt-Innovationen umzugehen? Wird BIM nicht bereits jetzt als Selbstzweck und Geschäftsfeld neuer Akteure gesehen, die den eigentlichen Zweck, das reale Bauwerk, in den Hintergrund drängen? Diese Fragen sind ernst zu nehmen und es müssen Antworten und neue Wege gefunden werden. Hier sind natürlich alle Akteure gefordert.

d) Projektpartner und Auftraggeber

Architekten werden seit mehreren Jahren durch Schüco konsequent mit BIM-kompatiblen Planungsdaten versorgt. Projekte wurden und werden damit geplant, die Anwender vermelden nicht selten auch sehr positives Feedback. Im Projektverlauf entstehen neue Bedarfe wie zum Beispiel erforderliche Ergänzungen von Planungsdaten für Sonderkonstruktionen. Der entstehende Dialog führt in den Projekten zu neuen Erkenntnissen für weitere Entwicklungen.

Handwerker/Metallbauer erhalten mit der Kalkulationssoftware SchüCal eine Schnittstelle für den Datenaustausch mit Architekten, sind in der Anwendung noch zurückhaltend und gehen meist doch noch den klassischen Weg über Zeichnungen und Kalkulationen in Papierform. Hier nehmen wir eine Kommunikationsaufgabe wahr, um ihnen die Angst zu nehmen, ihre Rolle deutlich und Vorteile sichtbar zu machen. Diese Gespräche finden auch bei und in Zusammenarbeit mit Fachverbänden statt, wir sehen hier eine gute Möglichkeit des Austausches von Wissen und Know-how sowie eine Bündelung der Kräfte.

Hersteller und Systemgeber anderer Gewerke werden nicht außer Acht gelassen, hierbei möchten wir mit gutem Beispiel vorangehen und andere motivieren, sich auch den digitalen Herausforderungen und Chancen zu stellen. Dass unsere eigenen Planungsbausteine schon erfolgreich genutzt werden, zeigt, dass es geht und es wäre wünschenswert, wenn Gebäudemodelle auch durchgängig digital erstellbar werden. Dazu müssen alle Gewerke mit Produktdaten „bespielt" werden, da sonst gar keine durchgängige Planung gemäß Methode BIM möglich ist.

Bauherren müssen über das Endergebnis vom Nutzen von BIM überzeugt werden, weil nur dieses zählt. Wenn das Endprodukt Gebäude als Summe der Teilleistungen der Protagonisten besonders gut ist, möchte es der Bauherr von vornherein haben. Hier ist BIM nur unterstützend und Mittel zum Zweck. Bei gewerblichen Bauherren rückt die Rolle des Facility Management stärker in den Fokus, weil im Gebäudebetrieb die größten Potenziale für eine Kostenoptimierung bestehen.

3 Fokus Projekt

a) BIM-Projekt

Wie kommt BIM ins Projekt?

Als BIM-Projekt soll hier die Realisierung von neuen Planungsbausteinen für Architekten vorgestellt werden. Also keine Planung für ein reales Bauwerk, sondern die Erstellung einer entscheidenden Grundlage für die Planung von Schüco Systemlösungen mit BIM-Werkzeugen.

Die bis ins Jahr 2013 noch in Verwendung befindliche „klassische" Schüco CAD-Bibliothek erfüllte über viele Jahre für den Anwender den Zweck der technischen Planungsgrundlage vor allem in der Werk- und Detailplanung. Den meisten Architekten dürfte auch heute noch die nach Produktgruppen sortierte Sammlung einzelner Schnittpunkte gut in Erinnerung sein, in manchen Büros gibt es noch sogenannte Offline-Versionen derselben.

Für das stetig in der Tiefe und in der Breite gewachsene Schüco Sortiment von Systemartikeln wurde eine Abbildung von Einzelschnitten als Planungsgrundlage aber nicht mehr gerecht. Parallel dazu wurden zusätzlich – aufgrund von Anfragen seitens Architekten und Planer – erste Revit-Familien erstellt, für die 2D-Planungsgrundlagen sozusagen als Modellbau-Vorlage händisch erstellt werden mussten. Diesen praxisgetriebenen Umständen musste nun Rechnung getragen werden. Eine neue Lösung musste entwickelt und umgesetzt werden.

Einen besonderen Stellenwert bekam das Thema BIM-Kompatibilität. Es galt eine Umgangsweise zu finden, mit der sowohl die klassisch arbeitenden Architekten als auch die bereits mit BIM-Werkzeugen agierenden optimal arbeiten konnten.

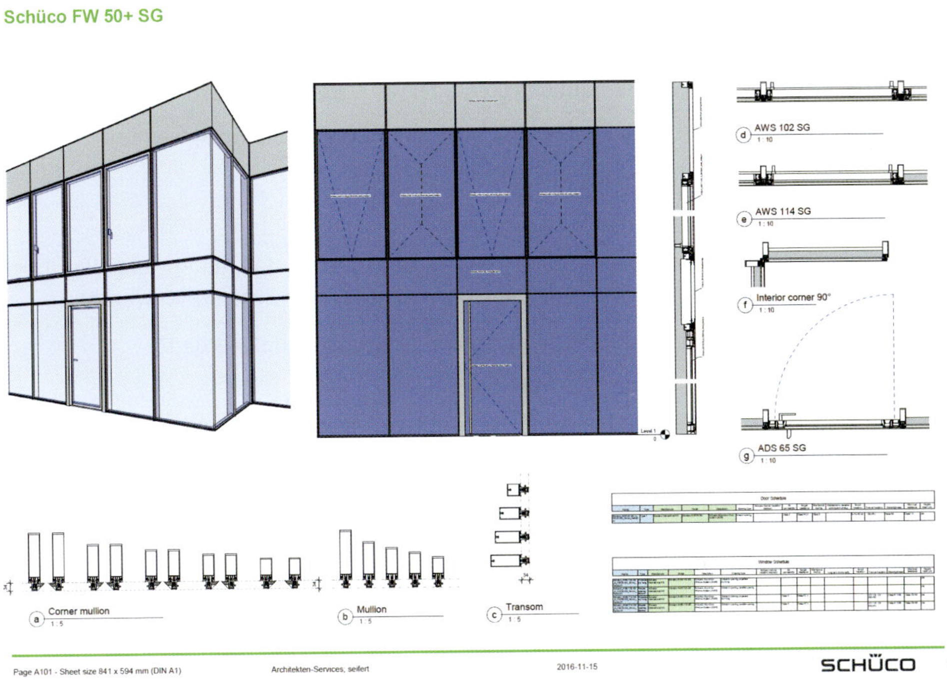

Abbildung 4: Verbindliche Planungsdaten, die keine Black Box darstellen

Die Konzepterstellung erfolgte nach sorgfältiger Recherche und vielen Gesprächen mit unterschiedlichen Anwendern. Große und kleine Architekturbüros, Kollegen, die in der Beratung tätig sind, sowie externe Spezialisten wurden befragt. Beispiele und Benchmarks wurden recherchiert, miteinander verglichen und bewertet. Vor- und Nachteile unterschiedlicher Lösungsansätze wurden betrachtet. Daraufhin wurden Antworten zu den drei wichtigsten Fragestellungen erarbeitet:

1) Welche Inhalte müssen abgebildet sein?
   - Architektentaugliche Planungsgrundlagen für alle Schüco Produktgruppen und Produktfamilien: Fenster, Türen, Fassaden, Schiebesysteme, Sonnenschutz, Lüftung, Gebäudeautomation
   - Gestaltungs- und Funktionsgrundsätze, aber auch damit verbundene konstruktive Details müssen begreifbar und verfügbar sein
   - Gemäß dem „I“ in BIM müssen auch alle für den Planer relevanten Informationen zum jeweiligen Metallbau-System vorliegen

2) Was müssen Architekten und Planer damit tun können?
   - Gestaltungsmöglichkeiten und Konstruktionen verstehen und planerisch umsetzen
   - Schrittweise konstruktiv-bauliche Lösungen im jeweiligen Bauvorhaben erarbeiten
   - Energetisch, optisch, funktionale Innovationen verstehen und anwenden
   - Variantenbildung zur besseren Ergebnisfindung
   - Teamarbeit auch über räumliche Grenzen hinweg einfach praktizieren
   - Gemäß Methode BIM muss eine integrierte Planung, das Teilen und Weiterverarbeiten von Informationen durch spezialisierte Akteure unterstützt werden.
3) Wie können die Inhalte am besten und am einfachsten genutzt werden?
   - Leichte Auffindbarkeit im Internet
   - Die Inhalte müssen jeweils in gut verständlicher Sortierung vorliegen
   - Klassische Planungsdaten: von jedem CAD-Programm einlesbar als *.dwg; zur besseren Navigation und Vorplanung als *.pdf
   - Eigenformate für BIM-fähige Architektensoftware

Umsetzung:

1) CAD-Part

Schrittweise wurden für je eine Beispiel-Serie der Produktgruppen Zeichnungen und Layouts erstellt. Es wurden verschiedene Entwürfe gegeneinander gestellt und die jeweils geeignetste Variante ausgewählt und optimiert.

Es wurden zwei wichtige Entscheidungen für den Aufbau getroffen, erstens dass wir Typenvertreter, also aus Schüco-Systemen bereits vorgezeichnete Bauelemente, als Planungsgrundlage erstellen werden. Mit diesen bereits „vorkonfektionierten" Bauelementen kann der Planer bereits vom ersten Schritt an Element-orientiert planen, egal ob er im CAD oder im BIM-Modell arbeitet. Zweitens erfolgte die Organisation der Inhalte in insgesamt vier Rubriken, die für jede Produktgruppe nutzbar sind: Planungsgrundlagen, Systemzeichnungen, Regeldetails und Ausführungsvorschläge.

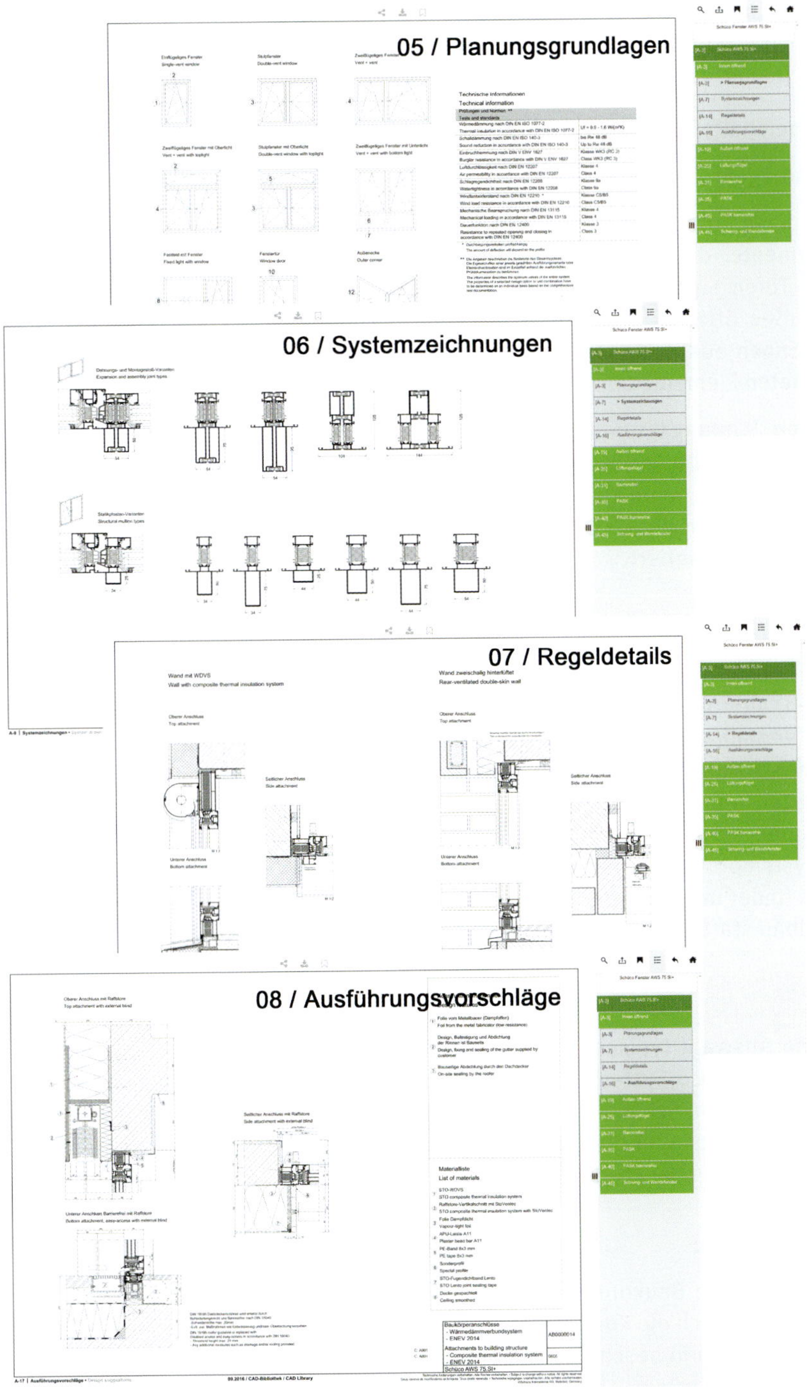

Abbildungen 5 bis 8: Planungsgrundlagen – Systemzeichnungen – Regeldetails – Ausführungsvorschläge

Der durch diese Einteilung geprägte Aufbau der Schüco CAD-Bibliothek erleichtert es den Anwendern, sich Produktgruppen-übergreifend gut zurechtzufinden und damit schneller und einfacher planen zu können.

Die Rubriken beinhalten Folgendes:

Planungsgrundlagen:

Die Basis für diese Rubrik bilden aus den Schüco Metallbausystemen vorkonfektionierte Metallbau-Elemente, die aus repräsentativen und gängigen Grundtypen bestehen. Bei Fenstern und Türen sind das zum Beispiel deren unterschiedliche Öffnungsarten, wie innen oder außen öffnend, Stulpflügel oder unterschiedliche baubare Kombinationen. Architekten können aus den angebotenen Möglichkeiten schnell und einfach die für ihr Projekt geeigneten Elemente auswählen und in Anwendung bringen.

Mit den in den Planungsgrundlagen verfügbaren CAD-Zeichnungen können wichtige Planungsfragen schnell und unkompliziert beantwortet und zeichnerisch gelöst werden. Um die Auswahl der Elemente analog zu den erforderlichen baulichen Anforderungen vornehmen zu können, wurden die technischen Serieneigenschaften analog zu den Bauelementen tabellarisch integriert.

Systemzeichnungen:

In dieser Rubrik sind Metallbau-Systemdetails wie Statik- und Dehnungsprofile, Verglasungsvarianten, alternative Profil-Geometrien sowie Ergänzungen und weiteres Zubehör enthalten. Im Verlauf der Werk- und Detailplanung können damit durch den Architekten viele gestalterisch-funktionale Planungsschritte eigenständig vorgenommen werden. In den Systemzeichnungen werden nicht alle denkbaren Variationen und Systemartikel abgebildet, sondern nur ein repräsentativer und für den Architekten verständlicher Teil des Schüco Systemportfolios. Eine weitaus detailliertere Konkretisierung der Metallbau-Systemdetails findet im weiteren Projektverlauf durch den Fassadenplaner und/oder das Gewerk Metallbau statt.

Regeldetails:

Beinhalten eine Auswahl typischer Detailpunkte für die wichtigsten Baukonstruktions-Lösungen mit den Schüco-Systemen. Die Detailpunkte stammen nicht aus realen Bauvorhaben, sondern aus dem Schüco-Katalog. Verwendung in der Detailplanung zum Beispiel für die Planung von Gebäudeecken, Entwässerungslösungen, Fußpunkten, barrierefreien Lösungen oder gängigen Baukörperanschlüssen.

Ausführungsvorschläge:

In dieser Rubrik werden Baukonstruktionszeichnungen aus verschiedenen Projekten im Detail dokumentiert. Auch die Komplementärprodukte für die Montage der Metallbau-Elemente sind abgebildet und beschriftet. Da jedes Bauvorhaben neue und andere Lösungsanforderungen mit sich bringt, sei darauf hingewiesen, dass sich diese Ausführungsbeispiele nicht einfach kopieren und verwenden lassen, sondern genau wie die Regeldetails durch den Planer an das jeweilige bauliche Erfordernis angepasst werden müssen.

2) BIM-Part

Mit der Übertragung dieser CAD-Inhalte in die Planungsdaten für Revit und Archicad wurde der Brückenschlag zu den Anwendern von BIM-fähiger Planungssoftware geschaffen. Pro Schüco-Serie wurde eine BIM-Datei erstellt, in der sich in Übereinstimmung mit der jeweiligen CAD-Planungsgrundlage dieselben Elemente bzw. Typenmodelle befinden. Ebenso sind die Layouts der Elementübersichten genau wie in den CAD-Zeichnungen in den Revit- und Archicad-Dateien enthalten. Diese nun BIM-kompatiblen Planungsbausteine stellen so auch keine „Black Box“ dar. Durch die verbindliche Umsetzung der CAD-Zeichnungen in 3D soll in der Planungspraxis ein transparenter und reibungsloser Ablauf unterstützt werden. Zum anderen ermöglichen diese aufeinander abgestimmten Inhalte in der Datenpflege uns als Herausgeber eine gut begreifbare und strukturierte Arbeitsweise.

Für das „I“ in den BIM-Daten wurden Serieneigenschaften als Attribute hinterlegt. Diese stammen aus den Serien-Systempässen und enthalten auch „von-bis“-Werte. Eine Bauelement-konkretes Nachjustieren der Attribute soll bewusst in späteren Planungsphasen mit Hilfe der Daten aus der Expertensoftware SchüCal erfolgen.

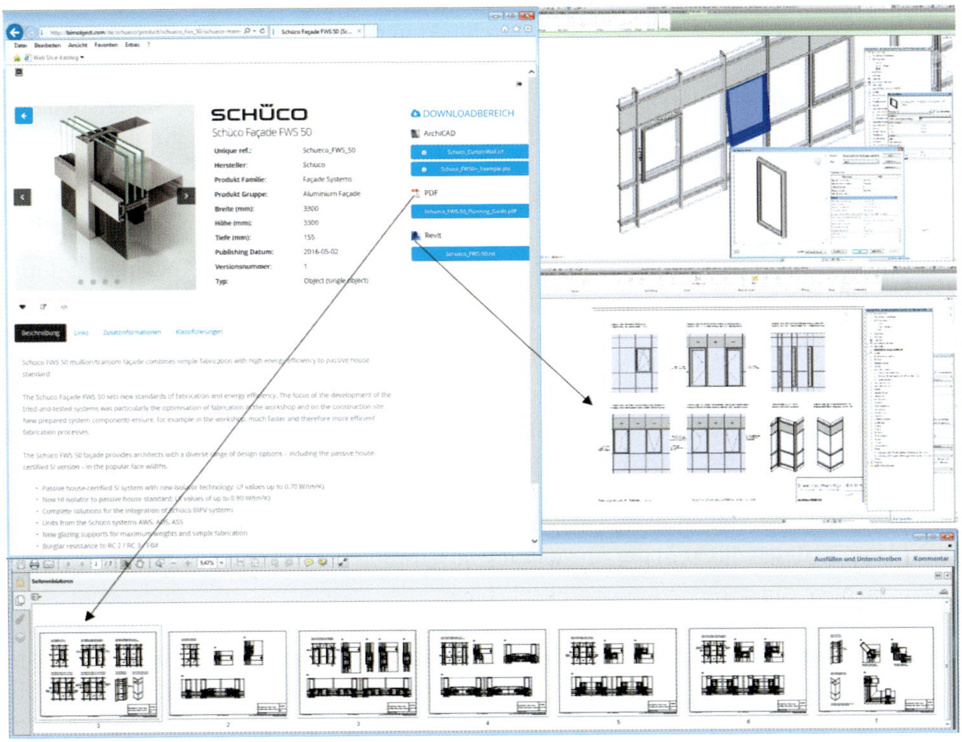

Abbildung 9: Planungsgrundlagen identisch in Revit enthalten

3) Arbeiten im Netzwerk

Gemäß der Methode BIM arbeiten im weiteren Projektverlauf weitere Akteure im Datenmodell des Gebäudes. Mit der Schüco Revit-Schnittstelle können Daten aus einem Revit-Modell für den Metallbauer exportiert sowie kalkulierte Daten importiert werden. Dadurch wird die Planung zur gewerkspezifischen Konkretisierung.

Abbildung 10: Datenaustausch zwischen Architekt und Metallbauer

Für das gemeinsame Eruieren von funktionalen oder konstruktiven Fragen stehen den Metallbaupartnern, genau wie den Fassadenplanern, die Planungsdaten, die der Architekt benutzt, ebenfalls zur Verfügung.

4) Distribution der Planungsdaten

Das schnelle Finden von Inhalten ist sehr wichtig für die Akzeptanz und Anwendung durch Architekten. Die neuen Planungsdaten werden deshalb zentral im Bereich Mein Arbeitsplatz auf den Schüco-Internetseiten zum Download angeboten. Möchten Anwender Planungsdaten für BIM laden, werden sie von dort zur Plattform BIMobject gechannelt, auf der alle BIM-Objekte von Schüco zu finden sind. Der Vorteil für den Anwender, wenn er Planungsdaten direkt über die Plattform BIMobject lädt, liegt darin, dass dort die Planungsdaten für viele Gewerke zu finden sind und somit nicht alle Hersteller-Internetseiten einzeln aufgesucht werden müssen. Eine sehr gute Möglichkeit für Anwender von Revit und Archicad stellen BIMobject-Apps dar, die es den Anwendern ermöglichen, die BIM-Planungsdaten direkt in der Anwendung auszuwählen und zu laden.

5) Internationalisierung

Eine Herausforderung ist, dass die Daten von Anwendern auf der ganzen Welt geladen werden können, aber nicht in jedem Land die betreffenden Systeme verfügbar sind. Die Gründe dafür sind vielfältig, beispielhaft seien Zulassungen, regionale Gepflogenheiten, Verarbeiter-Strukturen oder auch energetische Grundanforderungen genannt. Deshalb muss bereits bei der Daten-Distribution darauf geachtet werden, diese gezielt für die betreffenden Länder verfügbar zu machen bzw. zu informieren, wo das jeweilige System verbaut werden darf.

b) Erfahrungen

Erste Meilensteine wurden erreicht. Schwierigkeiten und noch zu nehmende Hürden wurden erkannt, es kann in weiteren Schritten darangegangen werden, diese zu überwinden. Aktuell gilt es auszuloten, wie die Anwender mit den bestehenden Planungsdaten und damit verbundenen Möglichkeiten umgehen, ob die Akzeptanz und die Zahl derer wächst, die sich dauerhaft für die Anwendung von BIM-Werkzeugen entschließen. Dafür ist es wichtig, mit den Anwendern ins Gespräch zu kommen, Projekte im Einzelnen zu begleiten und gemeinsam mit den Akteuren Erfahrungen zu sammeln. Für die Möglichkeit, BIM-kompatible Planungsdaten von Schüco zu nutzen, wird aktiv geworben. Selbstverständlich werden damit neue Schüco-Systeme unterstützt und somit ermöglicht, dass diese Innovationen bereits frühzeitig gemäß Methode BIM in die Gebäudemodelle integriert werden können.

Abbildung 11: Anzeige für das Schüco Türsystem DCS

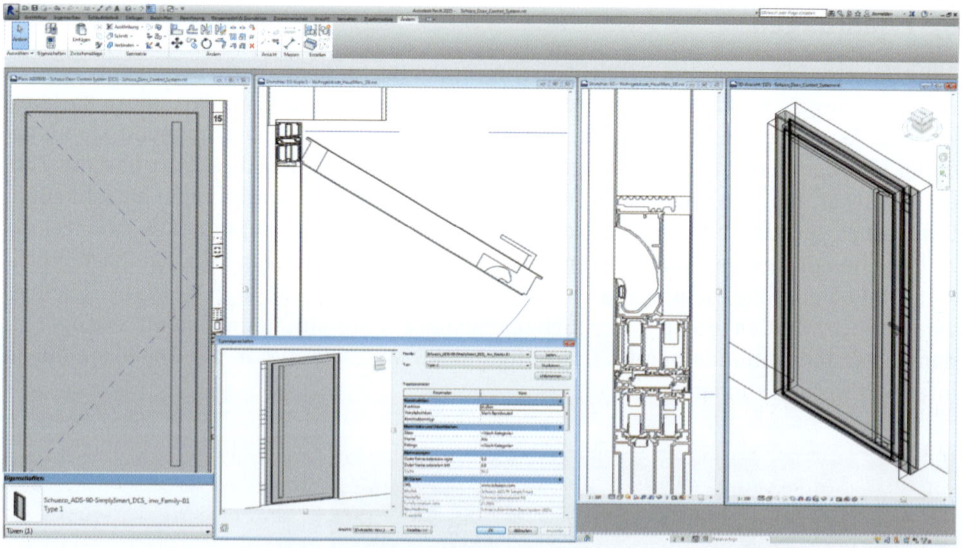

Abbildung 12: Planung Schüco DCS in Revit

Bei der Erstellung und Erprobung der Planungsbausteine für Revit und Archicad wurde deutlich, wie stark sich beide Programme voneinander unterscheiden. Während Archicad von vielen Architekten als „funktional näher am Planer“ empfunden wird, sehen andere für Revit deutliche Vorteile aufgrund der einfacheren Vernetzung mit anderen Softwareprogrammen und Schnittstellen, da gerade hier der Nutzen von BIM greift. Generell kann aktuell aber keine eindeutige Tendenz gesehen werden, beide Software-Anwendungen haben ihre Vor- und Nachteile.

4 Ausblick

a) Heute und morgen

Vieles läuft bereits und zeigt aus der Praxis heraus den Weg. Weitere Entwicklungen und Pilotierungen sind erforderlich, um die Geschäftsprozesse zu prüfen und weiter auf „BIM aus und in der Praxis“ auszurichten. Standards müssen noch geschaffen, mitgestaltet und umfassend in Anwendung gebracht werden.

Für Systemgeber und Hersteller von Bauprodukten wird es auf absehbare Zeit nicht einfacher werden, sich den mit der Digitalisierung und aus deren Möglichkeiten erwachsenden Ansprüchen der Akteure zu stellen. Hier muss eindeutig darauf hingewiesen werden: Digitale Herausforderung zu meistern, ist die Zukunft, das Potenzial ist groß und es gibt wenig zu verlieren und viel zu gewinnen.

Aus diesem Grund sei hier auch auf die neue Plattform Plan.One hingewiesen, mit der sich die Möglichkeit eröffnet, zukünftig einen allumfassenden Prozess der Planung und des Bauens zu praktizieren. Digitalisierung bedeutet nicht nur, traditionelle Prozesse zu digitalisieren, sondern auch, sie ein Stück weit neu zu denken. Deshalb hat Schüco die Plan.One ccs GmbH gegründet – zur vertikalen Vernetzung aller Beteiligten der gesamten Wertschöpfungskette der Baubranche. Für die Planung und das Herstellen der Schüco-Systemlösungen stellen dabei integrierte, kollaborative Planungswerkzeuge eine neuartige Umgangsweise dar. Auch für andere Bauteile und Gewerke soll Plan.One verwendet werden können. Plan.One agiert hierbei als eine offene, herstellerunabhängige Plattformlösung. Die Potenziale der Digitalisierung werden sich mit ihnen zielgerichtet umsetzen lassen. Zunächst gliedert diese sich in die Bereiche Plan.One architecture und Plan:One fabrication. Als nächsten Schritt werden noch zusätzliche Funktionen für den Gebäudebetrieb bereitgestellt werden.

Mit der Einführung, dem Anwenden von Teillösungen und schließlich der umfassenden Nutzung der Methode BIM stellt sich das Unternehmen Schüco den zukünftig noch komplexer werdenden Anforderungen, die aus dem Planen, Bauen und Betreiben von Gebäuden resultieren.

Kurzvorstellung

Autor

Dipl.-Ing. Mirjam Borowietz

Nach einem Studium der Energie- und Verfahrenstechnik sowie des Technischen Umweltschutzes an der Technischen Universität Berlin war Mirjam Borowietz zunächst wissenschaftliche Mitarbeiterin am Deutschen Zentrum für Luft- und Raumfahrt. Anschließend war sie Projektingenieurin Virtuelle Planung und Projektleitung sowie Niederlassungsleiterin bei der Zibell Willner & Partner GmbH. Bei der ZWP Ingenieur-AG fungierte sie seit 2010 zunächst als Stellvertretender Vorstand. Seit 2013 ist sie Vorstand der ZWP.

Unternehmen

ZWP Ingenieur-AG

Leistungen/Produkte

Das Spektrum der Projekte reicht vom Schul- und Lehrgebäude über Büro- und Verwaltungsbauten, Kulturbauten und Industriehallen bis hin zu komplexen Laborbauten und Kliniken. Dabei seien nur einige Referenzen, wie das Umweltbundesamt in Dessau (Architekten Sauerbruch Hutton), das Bürogebäude HumboldthafenEins in Berlin (KSP Jürgen Engel Architekten), der Gesundheitscampus NRW (léonwohlhage), die Rheinpark Metropole in Köln (HPP Hentrich-Petschnigg & Partner) erwähnt.

Mitarbeiterzahl

340

URL zum Unternehmen

www.zwp.de

1 Fokus Unternehmen

a) Auslöser

Mit dem konsequenten Ansatz der 3D-Modellierung bei der Konstruktion und der Kopplung von Berechnungen und Konstruktion der haustechnischen Anlagen verfolgt die ZWP Ingenieur-AG schon seit 2011 einen BIM-Ansatz im Hause. Im Rahmen übergreifender Projekte wenden wir Building Information Modeling (BIM) als interdisziplinäre Planungsmethode in Projekten an, wenn das Gesamtplanungsteam an dem Prozess teilnimmt.

Die ZWP Ingenieur-AG ist als Planungsbüro am Markt positioniert, das komplexe Gebäudetechnik auch für gestalterisch anspruchsvolle Bauvorhaben umsetzen kann. Um diesem Anspruch gerecht zu werden, war es unser Ziel, mit BIM eine höhere Planungsqualität durch die Verknüpfung zwischen Konstruktion, Berechnung und Massenermittlung zu erreichen. Diese Vorgehensweise bezog sich zunächst einmal nur auf unser eigenes Büro. Aber die firmeninterne „Little-BIM“-Lösung ist ja nur der erste Schritt, denn die dazu notwendigen Prozesse lassen sich vergleichsweise einfach etablieren und weiter optimieren. Deutlich komplexer wird es, wenn BIM gemeinsam mit anderen Planungsbeteiligten im Rahmen eines „Big-BIM“-Ansatzes funktionieren soll. Insbesondere in der interdisziplinären Arbeitsweise haben wir von Anfang an ein großes Potenzial zur Weiterentwicklung der Planungsqualität gesehen. Bereits 2012 konnten wir glücklicherweise in einem gemeinsamen Projekt mit léonwohlhage testen, welche Möglichkeiten die büroübergreifende Zusammenarbeit bietet.

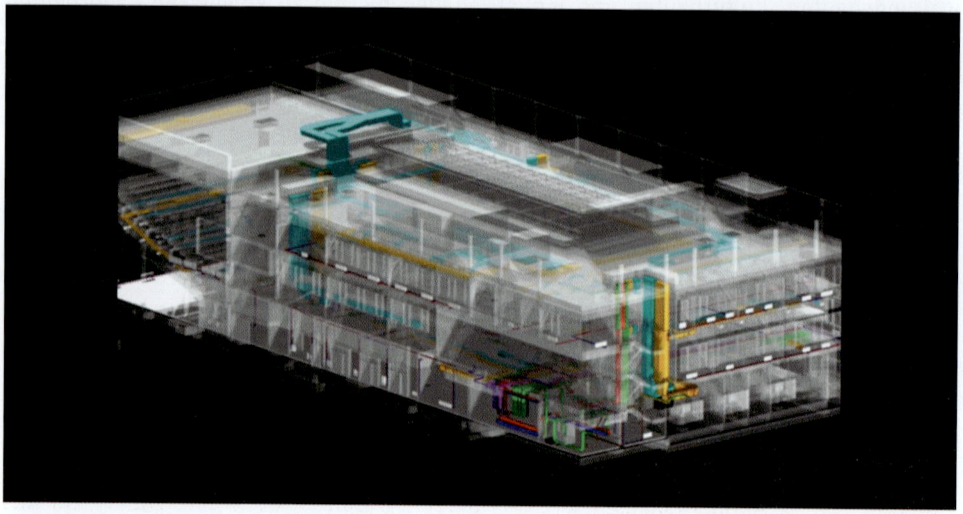

Abbildung 1: Gesamtmodell Gesundheitscampus NRW in Navis-Works

b) Einfluss auf Geschäftsmodell

Beim Einstieg in die Arbeit mit BIM haben wir als Erstes die Entscheidung getroffen, komplett auf eine 3D-Modellierung umzusteigen. Nach den ersten Tests im Bereich der objektorientierten Konstruktion, Berechnung und Auswertung war für uns auf Vorstandsebene schnell klar, dass wir die Arbeitsweise eines internen BIM weiter verfolgen wollen, um eine bessere Qualität und Konsistenz unserer Unterlagen zu erreichen. In dieser Phase war es uns extrem wichtig, die 3D-Konstruktion und die Berechnung der technischen Anlagen zu verknüpfen, um potenzielle Fehlerquellen zu minimieren.

Zwar wird der Planungsaufwand dadurch zunächst in den frühen Leistungsphasen erhöht, jedoch werden auch Einsparungen in den nachfolgenden Leitungsphasen erreicht, durch die Reduktion von Fehlerbeseitigungskosten und Diskussionen auf der Baustelle.

Eine große Herausforderung bestand darin, die Projektbearbeitungskosten im Griff zu behalten. Auf Grund der nun möglichen Bearbeitungstiefe und der teilweise dafür noch nicht geeigneten Software wurde in der Anfangszeit bei einigen Projekten der wirtschaftliche Nutzen dieser Arbeitsweise in Frage gestellt. In Teams bestehend aus Geschäftsführung, Büroleitung, Projektleitung, Fachplanung und Konstrukteuren haben wir unsere Arbeitsweise bei der Modellerstellung und dem Datenaustausch regelmäßig analysiert und angepasst. Gleichfalls haben wir dabei auch unsere Anforderungen an die Softwarehersteller konkretisiert. Die grundsätzliche Weiterverfolgung des BIM-Ansatzes stand jedoch für uns nicht in Frage, vielmehr das Wieviel und Wie.

Bei den internen BIM-Prozessen haben wir einen hohen Standard erreicht und entwickeln uns kontinuierlich weiter, um die Potenziale der Arbeitsweise optimal zu nutzen.

Die von uns verwendete Software benötigte durchaus auch in der Vergangenheit Betreuung durch Fachexperten. Diese Aufgabe wurde durch Zeichner übernommen, die jedoch auch aktiv im Projekt mitarbeiteten. Mit der Einführung einer BIM-Arbeitsweise wurde jedoch für uns die Einführung von Fach(System)administratoren unerlässlich. Wir beschäftigen mittlerweile zwei Mitarbeiter, die sich ausschließlich mit den Prozessen rund um den Datenaustausch, die Konstruktionserstellung und Schnittstellen beschäftigen. Darüber hinaus unterstützen sie unsere Kollegen beim Aufsetzen neuer Projekte und geben interne Schulungen.

Die Arbeitsbeschreibung des CAD-Zeichners hat sich im Laufe der Zeit verändert. Das klassische Arbeitsbild des Zeichners befindet sich sehr stark im Umbruch. Schon jetzt entwickelt sich die Kompetenz der Mitarbeiter eher dahin, dass konstruktives Arbeiten nur ein Teil des gesamten Engineeringprozesses ist.

Bei der interdisziplinären Zusammenarbeit sind wir immer darauf angewiesen, dass alle anderen Projektbeteiligten in gleicher Art und Weise zusammenarbeiten wollen. In ca. 90 % unserer Projekte ist dies leider noch nicht der Fall. Trotzdem sind wir überzeugt davon, dass zukünftig diese Entwicklung unaufhaltsam ist. Ähnlich dem Übergang von der Transparentpause zur CAD-Zeichnung. Für diesen Übergang sind wir vorbereitet.

Durch die große Aufmerksamkeit, die BIM derzeit erhält, ist der frühe Einstieg für uns gleichzeitig ein Wettbewerbsfaktor geworden. Bauherren und Architekten wünschen sich einen Projektpartner, der bereits Erfahrung mit BIM gemacht hat.

Die deutsche Planungslandschaft besteht aus einer Vielzahl von kleinen und mittleren Planungsbüros, die sich für die Abwicklung von Projekten in neuen Konstellationen zusammenfinden. Derzeit ist es üblich, die Planungsbeteiligten bei größeren Bauprojekten jeweils neu zusammenzustellen. Wir wollen daher offen bleiben für alle Formen der

Zusammenarbeit. Auch mit BIM sehen wir die Zukunft nicht zwingend in festen Planungsgemeinschaften. Sicherlich bieten eingeübte Zusammenarbeitsmodelle aber zukünftig Vorteile.

Darüber hinaus sehen wir BIM mittlerweile stärker für den Gebäudebetrieb in den Fokus rücken. Darin liegen weitere Potenziale, die wir für unsere Bauherren anbieten möchten.

c) Einrichten von Rahmenbedingungen

Unsere internen organisatorischen Randbedingungen mussten sich weniger verändern als zunächst gedacht. In allen Projekten gibt es einen Projektzeichner, der die Qualität des Datenaustausches gewährleistet und zu Beginn eines Projektes die Standards mit allen Beteiligten austauscht. Allerdings ist die Projektleitung in die Definition, wie der Datenaustausch über das Modell erfolgt, bei BIM wesentlich stärker eingebunden. Darüber hinaus beraten unsere übergeordneten BIM-Koordinatoren die Projektteams in Bezug auf den Datenaustausch auf Modellebenen. Zu Beginn eines neuen Projekts unterstützen sie ebenfalls den Projektleiter und den Projektzeichner beim Aufsetzen des Projekts. Wenn wir dabei neue Arbeitsweisen ausprobieren und seitens des Kunden spezielle BIM-Anforderungen bestehen, erfolgt meist auch ein Austausch mit der Geschäftsführung zu der angestrebten Strategie.

d) Anwendungsfälle

Zu Beginn unserer Arbeit mit BIM hatten wir die Vorstellung, dass nun Mehrfacheingaben von Daten für immer der Vergangenheit angehören. Diese Vermutung hat sich bisher noch nicht bewahrheitet. Die direkte Nutzung von Daten aus einem Architekturmodell für weitergehende Berechnungen, wie Simulationen und Heiz- und Kühllastberechnungen, gestaltet sich noch immer schwierig, weil die dafür erforderliche Sorgfalt und Art und Weise der Dateneingabe im Architekturmodell nicht immer im Verhältnis zur eingesparten Arbeit bei einer Doppelteingabe stehen.

Die konkretesten Anwendungen sehen wir im TGA-Bereich im Austausch von Daten zur Kontrolle von Modellen, in Bezug auf Vollständigkeit, Koordination, mögliche Fehlerstellen sowie bei der Massenermittlung. Darauf folgend sehen wir 4D-Prozesse und Kostenermittlungen.

Terminplanungsmodelle, modellbasierte Ausschreibung und Aufmaßkontrolle spielen aktuell in der Praxis für uns noch eine untergeordnete Rolle. Mit Blick in die Zukunft erwarten wir vor allem eine stärkere Nutzung der Modelldaten für den Gebäudebetrieb, z. B. auch in Kombination mit Augmented Reality.

Leider hat sich unsere Vorstellung von der Interoperabilität zwischen Softwaretools nicht bewahrheitet. Das heißt, dass Daten, die in einem Softwaretool erstellt wurden, zwar in andere Softwaretools eingelesen werden können, jedoch bisher nicht ohne Weiteres als proprietäre Objekte weiterbearbeitet werden können. Dieses bleibt weiterhin eine große Herausforderung bei der Weiterbearbeitung von Modellen, insbesondere beim Übergang von der Planung zur Bauausführung und zur Erstellung von As-Built-Modellen.

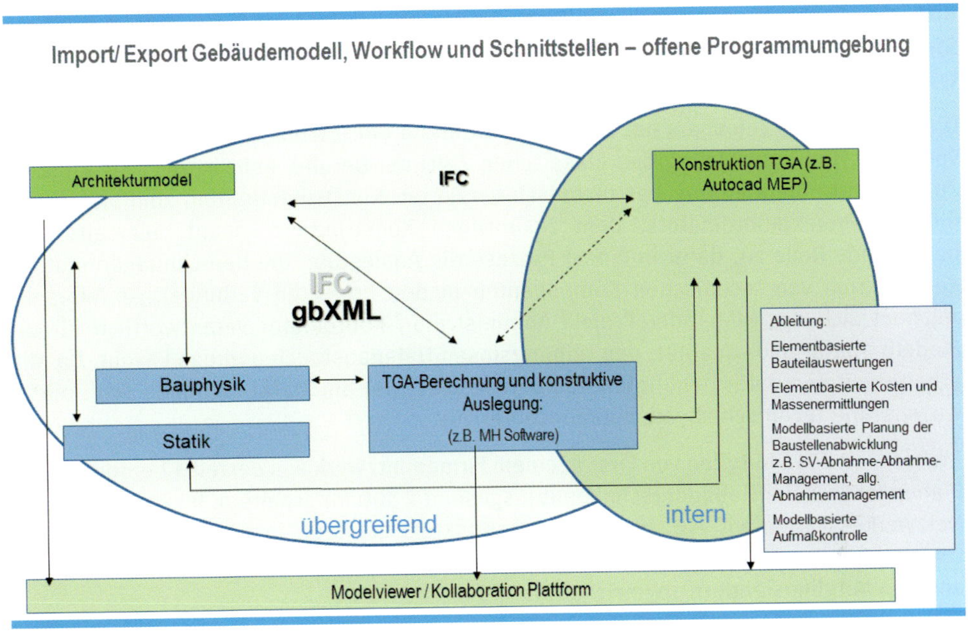

Abbildung 2

e) Mitarbeiter

Die Art der Arbeitsmittel und der Prozesse verändert sich im Planungsbüro stetig. Grundsätzlich bestehen natürlich immer Vorbehalte gegenüber Veränderungen bei den Mitarbeitern. Wir hatten das Glück, eine Reihe von kreativ denkenden Spezialisten zu haben, die sich immer wieder darüber Gedanken machen, wie wir Prozesse besser gestalten können und diese effektiver und weniger fehleranfällig zu machen. Diese Ideen probieren wir aus und wenn wir überzeugt sind, dass sie funktionieren, tragen wir die Arbeitsweise breiter ins Unternehmen. Eine endgültige Entscheidung über die Einführung der neuen Ideen trifft unser Führungskreis in engerer Zusammenarbeit mit den Fachexperten. Dabei sind wir immer schrittweise vorgegangen. Erst wenn eine Methode erfolgreich implementiert war, sind wir den nächsten Schritt gegangen. Das heißt natürlich auch, dass, wenn bestimmte Verfahrensweisen erst bei allen Mitarbeitern angekommen sind, sich die Vorreiter schon wieder mit ganz neuen Themen beschäftigen.

Parallel dazu führen wir bis heute viele Schulungen durch, um die neuen Methoden weiter zu etablieren und die Mitarbeiter mit den Programmen vertraut zu machen. Unternehmensweit sind unsere Mitarbeiter in Arbeitskreisen, sogenannten Gewerkezirkeln, miteinander vernetzt, um Verbesserungsideen schneller und effektiver zu transportieren. Dennoch bleibt es immer eine große Herausforderung, die Prozesse so bis zum letzten Mitarbeiter zu transportieren, dass sie in seine normale Arbeitsweise übergehen.

In der Summe empfinden wir den Übergang zu einer BIM-orientierten Arbeitsweise als ähnlichen Prozess wie den Umstieg von Papier auf CAD vor 15 bis 20 Jahren. Niemand würde heute zum Zeichenbrett zurückgehen wollen. Entsprechend wird sich auch bei

BIM irgendwann niemand mehr die Frage stellen, ob ich im CAD-Programm jetzt 2D mit Strichen zeichne oder dreidimensionale Objekte darstelle. Gerade jüngere Mitarbeiter bringen hier eine große Computeraffinität mit.

Die Tätigkeit des Zeichners hat sich schon während der letzten fünf Jahre immer stärker verändert. Die Entwicklung des klassischen Zeichner-Berufes geht in zwei Richtungen. Zum einen in die Richtung des technisch versierten Konstrukteurs und zum anderen in die des Projektkoordinators. Dem zukünftigen Konstrukteur kommt einerseits eine bedeutende Rolle zu, da er in einem Prozess die Auslegung, die Berechnungen und die Konstruktion von technischen Komponenten in den Projekten verbindet. Andererseits zeichnet sich der BIM- oder Projekt-Administrator/-Koordinator verantwortlich für die Modellstruktur und -qualität, den reibungslosen Datenaustauch und das Layout. Da Mitarbeiter mit den dafür benötigten Kompetenzen schwer am Markt zu finden sind, bilden wir verstärkt technische Systemplaner selber aus.

ZWP ist seit 2016 Mitglied von First q, einem Firmennetzwerk aus derzeit 12 europäischen Planungsbüros der Gebäudetechnik mit insgesamt 2 300 Mitarbeitern. Im Rahmen dieses Netzwerkes haben wir z. B. einen BIM-Arbeitskreis gebildet, in dem die BIM-Administratoren der Partnerbüros voneinander lernen, in welcher Art und Weise Projekte in den anderen Mitgliedsländern abgewickelt werden.

2 Fokus Projektabwicklung

a) Mehrwerte

Den größten Mehrwert sehen wir für unsere Auftraggeber und für uns in der besseren Qualitätskontrolle anhand der Modelle, sowohl in Bezug auf die Koordination als auch in Bezug auf die Massensicherheit.

Formteiltabelle							
Anzahl	Länge mm	VOB-Länge mm	Isolierung m	Name	Isolierung	Iso-Dicke mm	Iso-Länge m
1	1.084	1.209	1,084	100 mm Luftkanal/-rohr Längsnaht RU	Isolierung	30	1,084
1	1.133	1.258		100 mm Luftkanal/-rohr Längsnaht RU			
1	1.133	1.358		100 mm Luftkanal/-rohr Längsnaht RU			
1	1.454	1.554	1,454	100 mm Luftkanal/-rohr Längsnaht RU	Isolierung	30	1,454
1			0,304	100 mm Bogen einfach RU (l2-1= 0 mm,l2-1= 0 mm,factor= 1 ,alpha= 90 Deg,rm= 100 mm)	Isolierung	30	0,304
1			0,325	100 x 100 x 100 mm T-Stück 90 Grad RU (l2-1= 0 mm,l2-2= 0 mm,l2-3= 0 mm,l3-1= 125 mm,l3-2= 125 mm,l3-3= 125 mm)	Isolierung	30	0,325
1	243	368		100 mm Luftkanal/-rohr Längsnaht RU			
1	316	541	0,316	100 mm Luftkanal/-rohr Längsnaht RU	Isolierung	30	0,316
1	500	700		100 mm Luftkanal/-rohr Längsnaht RU			
1	612	712		100 mm Luftkanal/-rohr Längsnaht RU			
1	707	832	0,707	100 mm Luftkanal/-rohr Längsnaht RU	Isolierung	30	0,707
1				100 x 100 x 100 mm T-Stück 90 Grad RU (l2-1= 0 mm,l2-2= 0 mm,l2-3= 0 mm,l3-1= 125 mm,l3-2= 125 mm,l3-3= 125 mm)			
2				100 mm Bogen einfach RU (l2-1= 0 mm,l2-1= 0 mm,factor= 1 ,alpha= 90 Deg,rm= 100 mm)			

Abbildung 3: Beispiel Massenermittlung

Gleichzeitig bietet das Modell hervorragende Möglichkeiten einer ingenieurstechnischen Kontrolle der Ergebnisse und Optimierung der geplanten Netze. Zukünftig wird die Nutzung der Modelle für den späteren Gebäudebetrieb stärker an Bedeutung gewinnen – neben einer besseren Qualitätskontrolle sehen wir hier den größten Vorteil für unsere Bauherren. Allerdings ist es für viele Bauherren schwierig, sich bereits in den frühen Leistungsphasen auf eine klares Konzept im Hinblick auf die zukünftige Nutzung der Gebäudedaten festzulegen, da zu diesem Zeitpunkt andere wesentliche Fragen im Fokus stehen und die Art des Gebäudebetriebs oftmals noch nicht definiert ist.

Nach unserem Verständnis handelt es sich bei BIM nicht um eine völlig neue Methode des Planens, wie vielfach dargestellt wird, sondern um eine andere Art des Austausches von Informationen. Der wesentliche Unterschied ist, dass diese Informationen vorher über Papier und mündliche Abstimmungen ausgetauscht wurden und jetzt computergestützt in ein gemeinsames Modell übertragen werden. Ein sehr wichtiges Argument für die Arbeit mit BIM ist somit auch, dass durch den modellbasierten Austausch dieser Informationen weniger Schnittstellenverluste auftreten und Missverständnisse und Fehler bei der Informationsübergabe minimiert werden.

Dennoch: Ein gutes Gebäude entsteht erst durch die intensive Zusammenarbeit von Architekten, Statikern und Ingenieuren – und zwar völlig unabhängig, ob diese Zusammenarbeit digital oder analog erfolgt.

b) Prozesse

Ganz entscheidend bleibt es, zu Beginn eines gemeinsamen Projektes zunächst zu klären, was die unterschiedlichen Parteien unter BIM verstehen, welche Daten in welchem Projektstadium ausgetauscht werden sollen und welche Detaillierungstiefe die betreffenden Daten haben sollen. Denn letztlich nützt es niemandem, wenn Unmengen von Daten übertragen werden, die der Planungspartner gar nicht benötigt.

Ein Beispiel: Bezogen auf die Gebäudeausrüstung ist es für ein Architekturbüro sicher sinnvoll zu wissen, dass es sich bei einer bestimmten Komponente um einen Volumenstromregler handelt, der diese oder jene Geometrie aufweist. Aber ist es für den Architekten auch interessant, ob der Volumenstromregler für 100 Kubikmeter oder für 200 Kubikmeter Luft ausgelegt ist?

Häufig ist es derzeit so, dass von den anderen Projektbeteiligten im Wesentlichen 3D-Geometriedaten und Bauteildefinitionen zur Nachvollziehbarkeit der Massen gewünscht werden. Konkrete Bauteilinformationen werden erst für den späteren Gebäudebetrieb, z.B. Massenströme, Wartungsanforderungen, benötigt. Für die Bauphase gewinnen ebenfalls Terminverknüpfungen (4D) sowie Abnahmeinformationen an Bedeutung.

Für uns als Planungsbüro schaffen wir Mehrwerte über zwei Wege. Zum einen über eine bessere Eigenkontrolle auf Basis der umgesetzten Modelle und zum anderen, indem wir Modellinformationen weiternutzen oder mit anderen Arbeitstools austauschen. Z. B. nutzen wir die Raumobjekte, um daraus die Grundlagen für verschiedenste Anwendungen, wie z.B. Luftmengenbilanzen oder weitere Rauminformationen über Datenbanken ein- und auszulesen. Gleichfalls haben wir die Möglichkeit, unsere Konstruktionen nicht nur auf geometrische Anforderungen, sondern auch in Bezug auf eine optimierte Hydraulik zu prüfen.

Abbildung 4: Eigenschaftsdatensatz Brandschutzklappe

c) Risiken und Verbesserung

Bei unseren internen Lösungen geht es hauptsächlich um die Entwicklung von standardisierten Prozessen, die sich dann weiter optimieren lassen. Die strategische Planung in diesem Bereich erfolgt standortübergreifend. Unsere Fachexperten, die sich mit dem Potenzial der jeweils verwendeten Software auskennen, entwickeln auf dieser Basis, unabhängig von den konkreten Projekten, Austausch- und Arbeitsroutinen, die dann von allen anderen Mitarbeitern angewendet werden. Die größten Herausforderungen waren dabei, dass wir mit der kommerziell verfügbaren Software eine Reihe von speziellen Workflows, auch z. T. durch ergänzende Programmierung entwickeln mussten, um zu den von uns gewünschten Ergebnissen zu kommen. Für den einzelnen Mitarbeiter ist es durchaus anspruchsvoll, immer diesen Prozessen zu folgen. Wir haben für alle unsere Arbeitsweisen Anleitungen und Vorlagen für die Mitarbeiter entwickelt, auf die über das Intranet („Sharepoint“) zugegriffen werden kann. Trotzdem ist „Papier“ geduldig. Es ist unerlässlich, kontinuierlich über den gesamten Projektverlauf abzugleichen, ob tatsächlich noch die am Beginn eines Projektes festgelegten Arbeitsroutinen verfolgt werden. Diese spezifischen Abläufe machen natürlich auch die Einbindung von externen Mitarbeitern als kurzfristige Unterstützung in Projekten schwieriger.

Bei interdisziplinären „Big-BIM“-Projekten tauschen sich unsere Projektleiter und Projektzeichner mit Unterstützung unserer BIM-Koordinatoren zu der projektspezifischen Detaillierungstiefe der verschiedenen Daten am Beginn des Projektes aus. Gleichfalls werden die Modelle der einzelnen Planungspartner auf unserem lokalen Server zu-

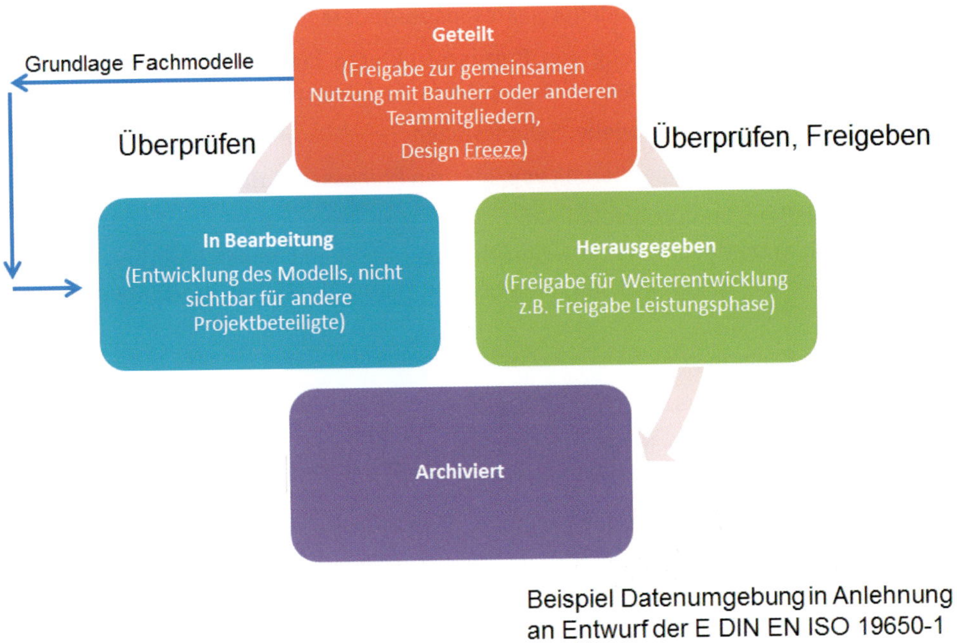

Abbildung 5

sammenzufügt und deren Qualität für die Weiternutzung überprüft. Hier liegt die Herausforderung darin, dass auch bei der Arbeit an gemeinsamen Gebäudemodellen eine klare Planungsdisziplin eingehalten wird und feste Planungsstände „eingefroren", abgeglichen und freigegeben werden. Die Vorstellung, dass alle gleichzeitig in einem Modell arbeiten, halten wir auch mit BIM für nicht zielführend, wenn keine klare Verlässlichkeit der Daten festgelegt ist. Den Zeitpunkt des Austausches der geteilten Arbeitsstände vereinbaren wir im Vorfeld, da ansonsten das Risiko besteht, dass sich zu viele Kapazitäten mit Modellständen befassen, die sich noch im Status der „Bearbeitung" befinden, und die Projekte wirtschaftlich nicht mehr kalkulierbar sind.

3 Fokus Projekt

a) BIM-Projekt

Wir haben in der Vergangenheit BIM in unterschiedlichen Ausprägungen genutzt. In unserem ersten BIM-Projekt gemeinsam mit dem Architekturbüro léonwohlhage vor 4 Jahren, dem Gesundheitscampus NRW, hatten wir das Glück, dass wir durch Förderung eines Modellprojektes im Rahmen von GreenConServe die Möglichkeiten von BIM für uns herausarbeiten konnten. Projektziel war dabei auch die Entwicklung eines bürointernen Workflows zu der Arbeit im Rahmen von BIM.

Dazu zählen im Rahmen des Modellprojektes insbesondere folgende Fragestellungen:

- Mitarbeit an der Entwicklung von Prozessstrukturen für BIM (Building Information Modeling) im interdisziplinären Planungsteam (Architektur, Statik, Bauphysik)
- Import/Export Gebäudemodelle, Schnittstellen
- Entwicklung und Implementierung von internen Prozessstrukturen/Workflow für BIM
- Integration Berechnung/Simulationen

  Die derzeit autark genutzten TGA-Berechnungsprogramme sollen über Schnittstellen mit dem bestehenden Konstruktionswerkzeug (AutoCAD MEP) in das BIM einbezogen werden.
- Integration Raumbuch
- Integration Massenauszug
- Bewertung der Prozesse in Bezug auf Übertragbarkeit auf andere Projekte
- Bewertung des Workflows auf mögliche Mehraufwendungen und Einsparungen von Planungszeit sowie Verlagerung von Aufwand in andere Planungsbereiche

Weiterhin wurde untersucht, ob durch die Nutzung von BIM eine bessere Bewertung der Nachhaltigkeit erreicht werden kann.

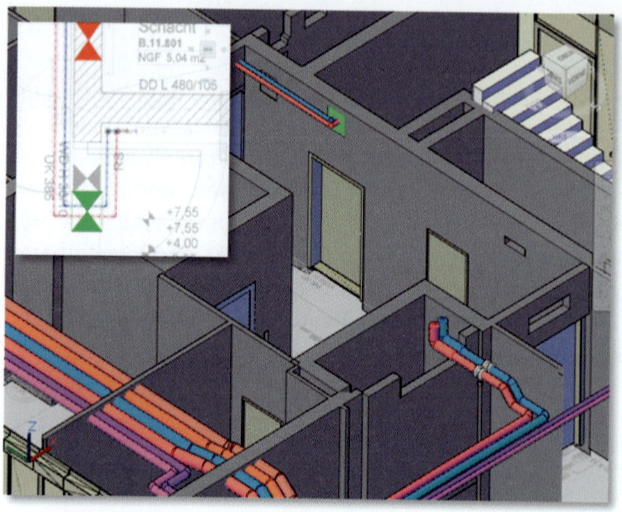

Abbildung 6: Koordinationsmodell: Architektur – TGA (Open BIM)

Durch das Testprojekt wurden für uns wichtige Erkenntnisse für die Umsetzung von Workflows für zukünftige Projekte gewonnen.

Eine Definition von allgemeinen interdisziplinären Übergabestandards gestaltet sich jedoch schwierig, da sich zeigte, dass die Herausforderungen je nach verwendeter Software der Beteiligten anders gelagert waren.

Hierbei ist letztlich die wesentliche Erkenntnis, dass bei der integrierten interdisziplinären Arbeitsweise immer ein Test zu Beginn des Projektes erfolgen sollte. Bei der Größe eines Bauprojekts lassen sich einmal entstandene Datenformate sonst kaum noch korrigieren.

Aufbauend aus dem Projekt, haben wir jedoch einen internen Workflow bei der Kopplung von Berechnungen und Konstruktion entwickelt, den wir mittlerweile bei allen Projekten anwenden. Unabhängig davon, ob es sich dabei um ein interdisziplinäres open BIM-Projekt handelt oder nicht. Im Rahmen der interdisziplinären Zusammenarbeit war es unseren Projektpartnern insbesondere wichtig, dass der Austausch zur Konstruktion und zum 3D-Modell erfolgte.

So haben wir beispielsweise bei einem Projekt mit dem niederländischen Architekturbüro OMA das Modell vornehmlich zur Geometriekontrolle und für das Gesamtverständnis der Integration der technischen Anlagen in das Gebäude ausgetauscht. Natürlich haben wir unser Modell auch zur Massenermittlung und zur Durchführung von Rohrnetzberechnungen und hydraulischen Optimierungen genutzt. Der Architekt hat hier sein Modell beispielsweise in Revit erstellt, während wir mit MH und AutoCAD MEP gearbeitet haben. Am Anfang haben wir die Daten über eine IFC-Schnittstelle ausgetauscht. Wir haben aber bald festgestellt, dass es für die Geometriekontrolle vollkommen ausreichend ist, die Modelle als DWG-Dateien auszutauschen. So konnte für diese Anwendung auf den Zwischenschritt des Modellexportes verzichtet werden.

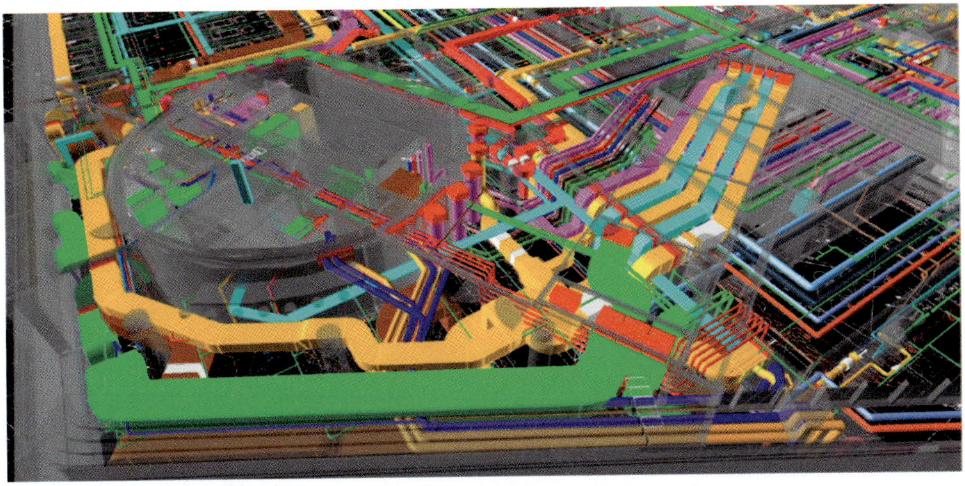

Abbildung 7: BIM-Modell: Architektur, Tragwerk, TGA

In einem weiteren Projekt haben wir Erfahrungen mit BIM insbesondere in einer geschlossenen Programmumgebung machen können.

Vorteile waren hier, dass es keine Schnittstellenverluste gab, die Konstruktionsebenen waren für alle Beteiligten gleich und es entstand eine höhere Darstellungs- und Informationstiefe im Gesamt-Koordinationsmodell. Auch die Kommunikation zu S+D-Objekten gestaltet sich in einem geschlossenen Programmsystem komfortabler.

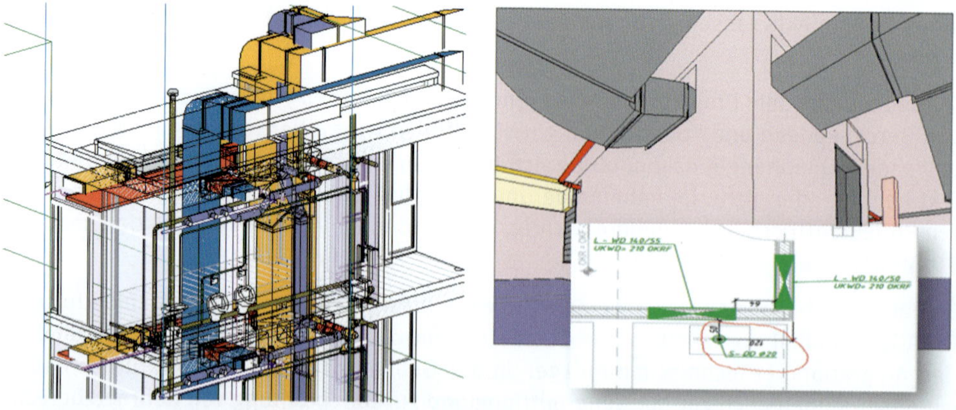

Abbildung 8: Koordinationsmodell: Architektur – TGA (BIM innerhalb einer Programmumgebung)

b) Erfahrungen

Zusammenfassend kann man sagen, dass wir derzeit noch mit jedem interdisziplinären BIM-Projekt auch neue Erkenntnisse gewinnen. Auf diese Art und Weise wollen wir auch unsere Arbeitsweise kontinuierlich und mit kleinen Schritten weiterentwickeln. Dabei kommt es gar nicht so sehr darauf an, welche Software man benutzt. Wir arbeiten bei uns im Haus neben der Berechnungssoftware MH im Wesentlichen mit AutoCAD MEP, Tricad/ Microstation. Derzeit bearbeiten wir ein BIM-Projekt mit Revit und gewinnen Erkenntnisse, welche Vor- und Nachteile diese Arbeitsweise auf einem gemeinsamen BIM-Server in einer gemeinsamen Softwarefamilie gegenüber unseren derzeitigen Standards hat.

4 Ausblick

a) Heute und morgen

Wir bearbeiten häufig komplexe Projekte, in denen eine sehr gute und punktgenaue Kommunikation, ein erfolgreicher Datenaustausch sowie eine hohe Koordinationsqualität anhand von Modellen einen hohen Einfluss auf den Projekterfolg haben. Insofern ist es unser Ziel, als kompetenter Projektpartner im Bereich von BIM wahrgenommen zu werden. Wir sind überzeugt davon, dass BIM die normale Arbeitsweise in zukünftigen Projekten sein wird. Die Planungsbranche insgesamt steht zurzeit noch am Beginn der Möglichkeiten, die sich aus der modellorientierten Planung ergeben.